Regina Mehler

Der Phönix-Effekt

Vom Suchen und Finden: Innovationsmanagement und -marketing durch Querdenken

Allitera Verlag

Weitere Informationen über den Verlag und sein Programm unter:
www.allitera.de

Oktober 2010
Allitera Verlag
Ein Verlag der Buch&media GmbH, München
© 2010 Buch&media GmbH, München
Umschlaggestaltung: Kay Fretwurst, Freienbrink
Herstellung: Books on Demand GmbH, Norderstedt
Printed in Germany · ISBN 978-3-86906-092-7

Inhalt

Vorwort 9

Kreativ, kreativer, 1000 Ideen am Tag
Wege zu erfolgreichem, innovativem Marketing 15

Wenn Sie innovativ sein wollen, brauchen Sie Ideen. Und zwar idealerweise gleich ganz viele, aus denen Sie die besten auswählen können. Diesen Idealzustand im Innovationsmanagement können Sie verwirklichen, wenn Sie die entsprechenden Kreativtechniken beherrschen und für Innovationskultur in Ihrem Umfeld beziehungsweise Unternehmen sorgen.

»Machen und machen lassen!«
Von Anke Meyer-Grashorn 26

Ideenlieferanten und Impulsgeber
Wie ein gutes Netzwerk Sie beruflich und privat inspiriert 34

Innovationsmanager leben und denken stets ein paar Schritte voraus. Sie kennen Trends genauso gut wie Best Practices. Daher suchen sie den Austausch mit anderen Innovatoren und Querdenkern, der sich in verschiedensten Netzwerken finden lässt. Das Kapitel zeigt, wie sich Innovatoren ihr persönliches Netzwerk aufbauen können und gibt Einblicke in die (ungeschriebenen) Regeln und Gepflogenheiten der Netzwerkwelt.

»Wichtige Menschen haben wichtige Kontakte«
Von Monika Scheddin 50

Kooperationen mit anderen Unternehmen
Der Vorteil geschäftlicher Partnerschaften 57

Zwei zusammen sind meistens besser als einer allein. Das gilt auch in der Unternehmenswelt. Daher ist es gut, wenn sich Unternehmen zu Partnern zusammenfinden. Das Kapitel informiert über mögliche Formen von Partnerschaften sowie Wege, diese aufzubauen.

»Volles Risiko, halber Gewinn?«
Von Gabriele Rittinghaus 71

Mitarbeiterauswahl und -motivation
Wie ein starkes Team entsteht 76

Der Innovationsmanager braucht ein auf Innovation gepoltes Team. Dazu muss er die geeigneten Kandidaten finden und die Crew nachhaltig für Neues motivieren. Das gelingt am besten mit einer Mitarbeiterführung, die auf gegenseitigem Respekt, auf Fairness und Vertrauen basiert. Das Kapitel stellt dar, worauf es im Einzelnen ankommt.

»Innovationsfaktor Vielfalt«
Von Torsten Bittlingmaier 91

Gemeinsame Ziele, gemeinsamer Erfolg
»Alignment« oder:
Die ideale Zusammenarbeit zwischen Marketing und Vertrieb 99

Wenn Marketing im Alleingang innovativ sein will, wird es nicht weit kommen. Denn Marketing braucht Informationen vom Vertrieb. Optimal ist es daher, wenn Marketing und Vertrieb vom ersten Planungsschritt an eng kooperieren. Das Kapitel zeigt, wo die Hürden liegen, und wie man sie umgehen kann.

»Volle Kraft Richtung Erfolg«
Von Sonja Sulzmaier 109

Trommeln in eigener Sache
Wie Sie Ihre Arbeit am besten vermarkten 120

Je innovativer eine Projektidee ist, desto wichtiger ist es, dass man sie gekonnt verkauft. Das erfordert ständigen Einsatz und gezieltes Selbstmarketing, das einer gesunden Positionierung dient, ohne aufdringlich zu sein. Zudem erfordert das Selbstmarketing einen geschickten Aufbau der Projektpräsentation. Das Kapitel verrät, welche Vorgehensweise Erfolg versprechend ist.

»Feuer und Flamme für Innovation«
Von Guido Happe 131

Zahlen müssen sein
So wird Ihr Marketing messbar effektiver 137

Heutzutage muss Erfolg messbar sein. So haben auch im Marketing längst die Key Performance Indicators (KPIs) Einzug gehalten. Chefs und Kollegen wollen nicht nur die Kosten, sondern auch Erfolgskennzahlen sehen. Das Kapitel stellt die Möglichkeiten der Effizienzmessung im Marketing dar.

»Nichts entsteht durch reines Nachdenken«
Von Neil Morgan 141

Die Autorinnen und Autoren der Gastbeiträge 151

Vorwort

Stellen Sie sich vor, Sie sind Steve Jobs, Ihr Unternehmen schwächelt – wie Apple in den 90er-Jahren – und Sie wollen Ihre Firma noch einmal so richtig nach vorne bringen. Was tun Sie? Ganz einfach: Sie revolutionieren die digitale Kommunikation. Sie sorgen dafür, dass Informationen und Musik immer und überall verfügbar sind und bringen zunächst den iPod, dann das iPhone und schließlich das iPad auf den Markt. Zuallererst aber forcieren Sie in Ihrem Unternehmen die Innovationskultur. Sie schaffen ein Klima, in dem Mitarbeiter aller Abteilungen neue Ideen entwickeln und ausprobieren können.

Ein Traum für Menschen wie mich. Denn ich bin neugierig und langweile mich schnell, wenn im Beruf zu viel Routine einkehrt. So habe ich auch als Marketingchefin mein Team zum Neu- und Querdenken motiviert. Trainings, moderierte Workshops, Inhouse-Vorträge zu Themen aller Couleur – damit inspirieren und motivieren wir uns dazu, regelmäßig über den Tellerrand zu blicken.

Ich bin davon überzeugt, dass sich kreatives Denken erlernen lässt wie eine Sprache, wenn man sich die Zeit dafür nimmt und regelmäßig übt. Zeit ist mithin einer der Schlüsselfaktoren für Innovation. In der Firma 3M etwa ist es explizit gewünscht, dass jeder Mitarbeiter 15 Prozent seiner Arbeitszeit in eigene Projekte investiert. Bei einer 40-Stunden-Woche sind das immerhin sechs Stunden. Der Erfolg gibt dem Unternehmen recht: 3M-Mitarbeiter waren es, die die Post-it-Haftnotizen erfunden haben, die heute von keinem Schreibtisch mehr wegzudenken sind.

Meine persönliche Innovationskraft besteht darin, als Marketingmanagerin in Software-Unternehmen außergewöhnliche Projekte zu realisieren. Etwa eine Reise für die IT-Chefs großer europäischer Unternehmen zu Bill Gates, die sogenannte IT-Vision-Tour (mehr dazu auf S. 58 und folgende). Das war ein Projekt, das ich mit meinem Team und Partnerunternehmen gegen alle Skeptiker (»Unmöglich!«) in die Tat umsetzte. So konnten wir Kontakte generieren und vertiefen, die mit klassischen Marketingmaßnahmen nicht oder kaum erreichbar sind, jedenfalls nicht in wenigen Monaten.

Mein neuestes Projekt ist die Women Speaker Foundation, die ich gemeinsam mit einer PR-Expertin aus meinem Netzwerk gegründet habe. Anliegen unserer Foundation ist es, Frauen, die etwas zu sagen haben, darin zu unterstützen, als Rednerin auf der Bühne zu stehen. Denn Frauen sind rhetorisch gut, sie trauen sich nur weniger zu als ihre männlichen Kollegen. Das wollen wir ändern, die Innovationsidee Women Speaker Foundation ist die organisatorische Plattform dazu.

Weil Routine das Ende jeder Innovation bedeutet, nehme ich mir bewusste Auszeiten, in denen ich mich auf Innovationsprojekte konzentriere. Auch meinen Mitarbeitern verordne ich regelmäßig Zeit für Kreativität und alternative Ideen: Workshops, Vorträge – und den Besuch von Netzwerkveranstaltungen. Und zwar nicht nur von solchen, die ihr berufliches Thema, das Marketing, zum Inhalt haben, sondern auch völlig andere. Denn ob Buchhalter oder Bildhauer, Techniker oder Texter – Gespräche mit Menschen aus anderen Berufsbereichen und Branchen lassen völlig neue Ideen entstehen. Daher bin ich nicht nur selbst überzeugte Netzwerkerin, sondern habe ein Budget bereitgestellt, um für mein Team die Mitgliedsbeiträge dafür zu finanzieren.

Neben der Zeit und der Inspiration ist die Bereitschaft zum Risiko eine wichtige Voraussetzung für die Innovation. Die Korrelation zwischen Risiken und Chancen ist aus dem Bereich der Kapitalinvestitionen zur Genüge bekannt: Je höher die Renditechance, desto größer ist in der Regel das Risiko. Dies gilt eins zu eins für die Innovation. Eine neue Produktidee kann der Knaller schlechthin werden – aber auch ein Flop. Im Vorfeld kann das niemand mit Gewissheit sagen. Also muss das Management bereit sein, Entscheidungen zu treffen, mit denen man Visionen realisieren, aber eben eventuell auch Geld in den Sand setzen kann.

Innovationsentscheidungen lassen sich nicht bis ins Kleinste kalkulieren. Zwar sind verschiedene Szenarien sowie die Wahrscheinlichkeiten für deren Eintreten berechenbar, doch letztlich basiert die Entscheidung auf Bauchgefühl und Mut statt auf soliden Prognosen. »Entscheidung vor Erfahrung«, nennt Innovationsberater Guido Happe das. Ein Umstand, der allzu oft dazu führt, dass man Innovationsprojekte meidet und stattdessen auf prognostizierbare Zahlen und sicheren Shareholder Value setzt. Denn es könnte ja schiefgehen und schon oft genug sind Köpfe gerollt, wenn es schiefgegangen ist. Kein Wunder, dass da wenig Freude an der Innovation aufkommen will.

Unternehmen, die innovativ sein wollen, müssen daher ihre Fehlertoleranz drastisch erhöhen und neue Zeichen setzen. Die Mitarbeiter müssen wissen, dass das Management bereit ist, Fehler und Flops mitzutragen. Nur dann kann Innovation gelebt werden. Mit Draufgängertum hat das nichts zu tun. Im Gegenteil: Ich muss genau wissen, welche Risiken ich eingehe und wie ich bei Eintreten des Worst Case reagiere. Nur dann kann ich das Projekt vertreten.

Innovation ist eine Sache von Pionieren. Das waren früher einmal wilde Kerle, die einsam über die Ozeane segelten oder sich durch unentdeckte Landstriche schlugen. Heute, in der globalisierten Welt, darf der Pionier zwar noch ein eigenwilliger Charakter sein, aber er muss mit anderen kommunizieren, sich abstimmen, sie überzeugen. Statt einsam zu segeln, muss er die anderen frühzeitig mit ins Boot nehmen. »Alignment« lautet der Fachbegriff. Er stammt aus der Biologie und bezeichnet das Verhalten von Lebewesen in Schwärmen, die sich in ihrer Bewegungsrichtung an der ihres Nachbarn orientieren. So kann etwa ein Heringsschwarm schnell und koordiniert die Bewegungsrichtung ändern und vor einem Angreifer fliehen (mehr dazu auf S. 109 und folgende).

Alignment muss auch an den Tag legen, wer heute unternehmerischer Vordenker sein will. Denn nur gemeinsam kommt man ans Ziel. In einem Softwareunternehmen etwa muss die Entwicklungsabteilung wissen, was der Kunde will, womit er zufrieden – und womit er unzufrieden ist. Frei nach Bill Gates: »Die unzufriedenen Kunden sind mir die liebsten: Die sagen mir genau, was ich besser machen muss.« So benötigen die Entwickler die Informationen vom Vertrieb, der ja mit dem Kunden spricht. Das Marketing muss sich mit dem Vertrieb und dem Kunden direkt austauschen, wenn es Kampagnen konzipieren will, die den Nerv des Kunden treffen.

Für ein solch enges Miteinander müssen Vorurteile wie »Die Leute von der Entwicklung wissen ja eh nicht ...«, »Marketing hat ja keine Ahnung von ...« oder »Die Vertriebsleute sind ja nur ...« abgelegt und durch ein offenes, kommunikatives Miteinander ersetzt werden. Gegenseitige Anerkennung von Kompetenz, effektive Meetings zum Thema Erfahrungsaustausch sowie eine faire, sachliche Auseinandersetzung mit neuen Konzepten sollten an der Tagesordnung sein – nicht Meckern und Mosern.

In den sieben Kapiteln dieses Buches habe ich systematisiert, wie Sie eine Kultur schaffen, in der Neues entstehen und realisiert werden kann. Sie finden Erfahrungsberichte, To-do-Listen und zu jedem Kapitel außerdem jeweils den Beitrag eines weiteren Spezialisten, der meine Erkenntnisse ergänzt, unter anderem von Innovationsberater Guido Happe, Netzwerkspezialistin Monika Scheddin und Innovationscoach Anke Meyer-Grashorn und weiteren.

Auch dieses Buch war für mich ein Innovationsprojekt, bei dem mir viele der im Buch beschriebenen Erfolgsfaktoren halfen. Zum Beispiel fand ich durch Empfehlungen aus meinem Netzwerk den passenden Verlag und eine Journalistin, die mich beim Schreiben unterstützte. Via Netzwerk traf ich auf die Experten, die das Buch mit ihren Beiträgen komplettieren und erst in der Diskussion mit dem Verlag und meiner redaktionellen Sparringspartnerin wurden die einzelnen Kapitel wirklich rund. Nicht zuletzt entstand der Titel für das Buch durch eine E-Mail an die Menschen in meinem Inner Circle.

Beim Schreiben habe ich mich immer wieder vom Schreibtisch wegbewegt, weil mich Ortswechsel inspirieren und auf neue Ideen bringen. So hatte ich während der Arbeit an diesem Buch das Glück, viel reisen zu können. San Francisco, Neapel, Paris, Kopenhagen und die Tiroler Alpen sind nur einige Entstehungsorte dieses Buches. Doch selbst der regelmäßige Ausflug von München in die Berge hat mir geholfen, Schreibblockaden zu überwinden. Noch wichtiger als die Möglichkeit zum Perspektivenwechsel war für mich die Leidenschaft beim Tun. Das Schreiben hat mir schlichtweg einen Riesenspaß gemacht. Nur so konnte ich die Zusatzarbeit am Wochenende und den Abenden meistern (plus viel Verständnis dafür durch meinen Partner). Ein wichtiger Aspekt, der für jedes Innovationsprojekt gilt, und den man bei aller Zielorientierung nicht vergessen darf: Nur wenn Ihnen eine Aufgabe wirklich Freude macht, werden Sie bereit und in der Lage sein, alles zu geben, Widerstand zu überwinden, Probleme zu lösen und andere mitzureißen. Fragen Sie sich daher auch immer wieder, wofür Sie Leidenschaft entfachen können und wollen.

Mit all dem – Unterstützern, Motivatoren und einer Reihe geschäftlicher und privater Reisen – ist etwas entstanden, das ich mir noch vor einem Jahr nicht hätte vorstellen können. Ein ganzes Buch, das vielleicht auch Sie zu neuen Taten und Erfolgen inspiriert – frei nach Phönix, dem Vogel aus der griechischen Mythologie, der in der Morgensonne verbrennt und danach in verjüngter Form wieder aufersteht. So sehe ich viele der beschriebenen Projekte: aus dem Nichts etwas völlig Neues und Überraschendes und auch noch Erfolgreiches zu entwickeln.

Ich freue mich auf Ihre Erfolgsberichte – und Ihre Meinung zu diesem Buch unter www.regina-mehler.de

Herzlich,
Regina Mehler

Kreativ, kreativer, 1000 Ideen am Tag!
Wege zu erfolgreichem, innovativem Marketing

Auffallen, (fast) um jeden Preis – so darf das Motto lauten, wenn es um erfolgreiches Marketing geht. Mit Mailings, Events und anderen traditionellen Marketinginstrumenten allein geht das nicht. Wer aufmerksamkeitsstark beim Kunden ankommen will, muss neben einer soliden Pflicht eine Aufsehen erregende Kür hinlegen. Dafür braucht es nicht unbedingt ein großes Budget – das haben die meisten Marketiers spätestens seit der Krise 2009 ohnehin nicht mehr –, aber es bedarf guter Einfälle, und zwar möglichst am laufenden Band.

Wie aber schafft man eine Atmosphäre der Kreativität, in der gute Ideen nicht nur gedeihen, sondern in der sie sich sogar systematisch, am laufenden Band produzieren lassen?

Voraussetzung dafür sind neugierige, unvoreingenommene und diskussionsfreudige Mitdenker. Sprich: Ein Team, das alles Denkbare für machbar hält. Gefragt ist ein Kreis von »Innovatoren«, die offen und konstruktiv mitarbeiten – und bei alledem durchhaltestark sind. Denn es erfordert einigen Aufwand, bis der ultimative Ansatz entwickelt ist.

Besonders wichtig ist es, dabei stets den Markt und die aktuellen Entwicklungen im Auge zu behalten. Unternehmen, in denen nicht rechtzeitig erkannt wird, wann ein einst guter Ansatz veraltet ist, verlieren den Anschluss – oder mehr. Man nehme nur das Versandkaufhaus Quelle, das unter anderem nicht rechtzeitig den Internetversandhandel erfolgreich zu nutzen wusste. Während Amazon boomte, ging das Traditionshaus in die Insolvenz.

Ob in der Produktentwicklung, im Service oder im Marketing – innovative Ideen müssen sich am Markt orientieren

»Krise ist ein produktiver Zustand. Man muss ihr nur den Beigeschmack der Katastrophe nehmen.«
ALBERT EINSTEIN

und möglichst zeitnah umsetzbar sein. Einige Unternehmen machen uns eine solche Exzellenz in Sachen Innovation seit Jahrzehnten vor, so etwa das schwedische Möbelimperium Ikea. Es wächst und wächst – mit seinen guten Ideen. So etwa der, allen Produkten einen Namen zu verleihen. Das Ergebnis? Aus Möbeln wurden Freunde, mit denen wir – mehr oder weniger – einen Bund für das Wohnleben eingehen.

Solche Marketingideen freilich sind große Würfe für kleines Geld. Wer sie entwickeln will, braucht neben kreativer Atmosphäre und einem guten Team vor allem Methode und System. Und diese – das ist die erfreuliche Nachricht – lässt sich erlernen. Und zwar im Team.

> **Sieben Tipps für die Realisation einer innovativen Projektidee:**
> - Trauen Sie sich, es lohnt sich.
> - Denken Sie quer.
> - Erlernen Sie Kreativmethoden.
> - Seien Sie konkret und denken Sie Ihre Idee in allen Bereichen zu Ende.
> - Schließen Sie sich mit anderen Innovatoren zusammen.
> - Seien Sie risikofreudig.
> - Begeistern Sie andere von Ihrer Idee.

Der Speck ist weg

»Fette Jahre« machen bequem – das gilt für Menschen und Unternehmen, die von Menschen gemacht und gelenkt werden. Für Mensch und Unternehmen gab es ein böses Erwachen, als die Lehman Bank in Amerika zusammenbrach und die internationale Wirtschaft in eine weltweite Krise riss. Die meisten Unternehmen reagierten auf den Schock, indem sie ihre Budgets in allen Abteilungen, und ganz besonders im Marketing, dramatisch kappten.

Zugleich blieben die Ziele hoch gesteckt. Kurz: Die Anforderungen waren gestiegen, die Mittel aber nicht. Für Marketingteams hieß das, dass wir schneller, besser – und noch kreativer sein mussten. Für Letzteres holten wir uns Unterstützung von außen. Anke Meyer-Grashorn, Expertin für Kreativität, unterwies uns in der systematischen Produktion von Ideen. Unter eingeschränktem Handy- und E-Mail-Empfang gingen wir am Chiemsee in Klausur und lernten in einem zweitägigen Workshop neue Kreativmethoden, um gezielt Ideen zu entwickeln, und zwar bis zu tausend Stück pro Tag.

»Krisen können eine sinnstiftende Irritation sein – und die Chance eröffnen, sich aus geistiger Erstarrung zu lösen.«

GOTTLIEB GUNTERN, Kreativitätsforscher

Warmspinnen für Anfänger

»Genau wie die Produktion von Autos beruht die Entstehung von Ideen auf einem Prozess«, sagt Anke Meyer-Grashorn, »einzige Voraussetzung ist, dass sich alle auf die harte Arbeit einlassen.« Wir waren bereit, uns einzulassen – und begannen mit dem obligatorischen Warm-up. Eingeteilt in Gruppen sollten wir das Bild einer »Stadt 2100« entwickeln und in Form einer Collage darstellen. Dafür gab es einen Berg alter Zeitschriften und zwei Stunden Zeit. Wir diskutierten über Stadtnamen, Fortbewegungs- und Kommunikationsmethoden. Wir fragten uns, wie die Menschen wohnen und sich kleiden, was sie essen und produzieren würden.

Nach einer halben Stunde hatten wir uns heiß diskutiert, auch die eher zurückhaltenden Kollegen tauten auf. Sie steuerten teilweise besonders spannende Ideen bei: komische, fantasievolle, abgehobene. Schließlich hatten wir die Stadt »Utopia »entworfen: Sie war bevölkert von Wesen, die menschliche Fähigkeiten besaßen, aber wie Einzeller aussahen. Diese legten allergrößten Wert auf Umweltschutz, weshalb sie das Beamen erfanden und andere Transportmittel abgeschafft hatten. Die Utopier waren außerdem wechselwarm – und brauchten ihre Wohnung nicht zu heizen. Die Ideen sprudelten nur so, unsere Kreativität war geweckt. Sinn und Zweck der Aufwärmübung waren erfüllt.

Vom Wadenwickel zum Premiumkunden im Eishotel

Nachdem sich alle Teilnehmer warmgedacht hatten, ging es in die zweite Phase des Workshops. Beim Brainstorming fahndeten wir nach Geistesblitzen. Erlaubt war dabei, was einfällt. Verboten war, auch nur eine einzige Idee zu bewerten. Zunächst einmal durfte nur Denkmaterial gesammelt werden.

In dieser Phase erfuhren wir: Die meisten Ideen werden durch Killerphrasen erstickt. Diese stecken in den Köpfen der Menschen und blockieren deren Geistesblitze. »Das funktioniert nicht.« »Das haben wir noch nie gemacht.« »Das haben wir schon probiert, es hat nicht funktioniert.« »Das schaffen nur andere, aber nicht wir.« »Dafür braucht man doch ein riesiges Budget.«

Negativsätze dieser Art basieren auf Vorsicht und Risikoprävention, sie blockieren kreatives Gedankengut, erklärte die Workshop-Leiterin. Mit Hilfe der schlichten, aber sehr wirksamen Methode des Perspektivenwechsels lernten wir, die Killerphrasen auszuschalten und unvoreingenommen neue Ideen zu entwickeln.

Unser Reizwort war der »Wadenwickel«. Rund um diesen Begriff suchten wir nach Assoziationen, wir sammelten locker, aber zügig: Fieber, Krankheit, Winter, Skifahren, Weihnachten, Lebkuchen, Gewürze, Indien, Sari, Hindu, Kühe, Weide – die Gedanken galoppierten, schnell war eine umfangreiche Mind Map entstanden. Dann hieß es: Perspektive wechseln. Den »Wadenwickel« ersetzten wir durch das Wort »Marketing«, und dieser neue Begriff musste zu allem vorher Gedachten in Beziehung gesetzt werden. Der »Winter« rückte ins Zentrum unserer Überlegungen, wir stießen auf die Notwendigkeit, saisonbezogen zu agieren, wir dachten an jahreszeitenbezogene Kampagnen inklusive passender Give-aways: Wer in den Wintermonaten einen Kunden empfiehlt, bekommt als jahreszeitlich passendes Geschenk einen Schal, eine Mütze oder – je nach Umsatzvolumen – eine Nacht im Eishotel. Premiumkunden wollten wir zu einem Wintercamp einladen, um dort mit ihnen Produktinnovationen zu diskutieren. Kurzum, die Ideenmaschine lief wie geschmiert.

Alles in allem konnten wir mit Hilfe des Perspektivenwechsels sehr viel leichter querdenken, neue Ein- und Ansichten drängten sich förmlich auf.

Wir züchten das zarte Pflänzchen Kreativität

Nach zwei Tagen harter Kreativarbeit am Chiemsee hatten wir viele neue Denkwege beschritten und einiges gelernt. Verstanden hatten wir auch, dass damit nur ein Anfang gemacht, nicht aber das Ziel erreicht war. Für mich persönlich bedeutete es, meine Ungeduld zu zügeln. Wie bei Managern heutzutage so üblich, schätze ich es, wenn die Dinge schnell vorangehen. Schließlich sind wir Sklaven der Quartalszahlen, getrimmt auf den schnellen Erfolg. Die Fähigkeit zur methodischen Kreativarbeit im Team aber musste noch wachsen. Immer wieder mussten wir uns nach dem Workshop im Arbeitsalltag die verschiedenen Vorgehensweisen vergegenwärtigen, mussten sie anwenden, einüben, damit gegen die alten Gewohnheiten anarbeiten. Ein ganzes Jahr lang befassten wir uns mit dem Thema Kreativität und damit, sie in unseren Alltag zu integrieren, bis das anfangs zarte Pflänzchen schließlich stark genug war, dem täglichen Arbeitsdruck Stand zu halten.

Mit Comicfiguren gegen Softwarepiraterie

Für den Erfolg trainierten wir nicht nur Tag für Tag »on the job«. Zudem ließen wir uns erneut von unserer Kreativexpertin helfen. Rund fünf Monate nach unserer Erfahrung am Chiemsee trafen wir uns zum Workshop in Prag. Wir begannen das Meeting mit unseren »Best Practices«. Jedes Länderteam präsentierte sein wichtigstes Erfolgsprojekt. Kein besonders originelles Vorgehen, aber eines, das neben dem Lerneffekt eine gute Stimmung in der Gruppe schafft. Das »Was haben wir besonders gut gemacht?« betont das Positive des Status quo, unterstreicht die Leistungsfähigkeit der einzelnen Teams – und regt die anderen zum Nachahmen und zu neuen Ideen an. Eines unserer Erfolgsprojekte war eine langfristig angelegte Anti-Piraterie-Kampagne, mit der wir gegen illegale Softwarekopien in Afrika vorgehen wollten. Der Ansatz war spielerisch: Ein eigens dafür entwickeltes Computerspiel sprach verschiedene Zielgruppen spezifisch an und bezog lokale Partner in die Kampagne ein. Diese konnten das Spiel auf ihrer eigenen Website promoten. So gelang es uns, die Partner stärker an uns binden sowie deren Kontakte zu nutzen, was wiederum den Verbreitungsgrad des Spiels vervielfachte. Das Schöne an diesem Konzept: Nach dem Motto »Develop once, execute many times« ließ es sich mit wenig Aufwand in andere Sprachen übersetzen und in weiteren Ländern verwenden.

Der zweite Teil des Workshops bestand aus einer Rallye durch Prag, die nicht nur Wissen, sondern offensive Kommunikation erforderte. »Kennen Sie unser Unternehmen?«, sollten die Mitarbeiter Passanten fragen. Eine hochinteressante Erfahrung für Marketiers, die sich in der Regel intensiv mit Marktforschung, aber weniger mit deren Erarbeitung auseinandersetzen. Sich das Feedback direkt auf der Straße abzuholen, war ein völlig neues Gefühl. Das Ergebnis: Nach der Rallye war aus unserer Gruppe ein wirkliches Team geworden, zusammengeschweißt durch gemeinsame Erlebnisse, gut gelaunt und sehr motiviert für die anschließenden Kreativaufgaben.

Nach diesem zweiten Workshop hatte ich das Team, das ich mir wünschte und mit dem ich realisieren konnte, was man von mir verlangte: innovatives Marketing. Die Weichen waren gestellt. Von da an ging es darum, kontinuierlich Energie in den Kreativprozess zu stecken, das Neue stets neu zu entwickeln und Tag für Tag im wahren Sinne des Wortes schöpferisch zu sein.

Ausdrücklich erlaubt: Fehler und Flops

Innovation erfordert nicht nur einen systematischen Kreativprozess, sondern auch eine entsprechende Unternehmenskultur, die Fehler erlaubt. Häufig aber sieht es leider so aus, dass Unternehmen keine Fehler machen wollen – und die Mitarbeiter auch nicht. Zu oft haben sie erlebt, dass im Versagensfall »Köpfe rollen«. Gern verhält man sich daher unauffällig, frei nach dem Motto: »Nur nichts falsch machen, dann kommt zuverlässig die nächste Beförderung.«

Unternehmen, die den Wandel wünschen, müssen zum Risiko bereit sein, sie müssen daran glauben, dass man aus Fehlern lernt und durch sie klüger und nicht dümmer wird. Wichtiger noch ist es, diese Haltung zu kommunizieren. Nur dann weiß der Mitarbeiter, dass sein Chef auch nach einer äußerst innovativen, aber doch erfolglosen Marketingkampagne nach wie vor hinter ihm steht.

Umgekehrt werden Mitarbeiter stets den Weg des geringsten Widerstandes wählen, wenn sie um ihren Job fürchten müssen, sollten sie mit einem (innovativen) Projekt scheitern.
    Besonders wichtig für innovationsbereite Unternehmen: Wird Neues gewagt, müssen alle im Bild sein, zuallererst der Manager. Für meine Teammitglieder gilt deshalb die Vorgabe: »Informiert mich, wenn wir ein Risiko eingehen, dann kann ich es mittragen.« Kann ich als Manager das Worst-Case-Szenario vertreten, wird das Projekt realisiert. Im Vorfeld aber möchte und muss ich als Verantwortliche über sämtliche Unwägbarkeiten informiert sein.

> »Es gibt nur einen Weg, um Fehler zu vermeiden. Keine Ideen mehr zu haben.«
> Albert Einstein

> »Die einzige Möglichkeit, Menschen zu motivieren, ist die Kommunikation.«
> Lee Iacocca

Lesen Sie die »Auto BILD?«

Je intensiver man eine Kultur der Innovation pflegt, desto besser wird sie funktionieren. Daher setzen wir neben Kreativworkshops auf weitere die Kreativität fördernde Maßnahmen. Beispielsweise holen wir regelmäßig verschiedene Experten in unser Unternehmen. Sie informieren uns über neue Trendbewegungen, über den Wandel in der Medienwelt, das Web 2.0 oder die neuesten E-Marketing-Tools. Unsere sogenannten »Marketing Lectures«, die sich ursprünglich ausschließlich an die Kollegen vom Marketing wandten, hatten nicht nur schnell zahlreiche Interessierte aus anderen Abteilungen. Mittlerweile sind auch Partner, Kunden und die Presse eingeladen – und sie kommen gern. Für alle, die nicht vor Ort sind, bieten wir die Vorträge als Websession an und zeichnen sie als Podcast auf, die man später downloaden kann.

Auch in meinem privaten Umfeld fördere ich ganz bewusst die Kreativität und suche ständig neue Inspiration. Nach dem Motto »Alles, was differenziert ist, ist erst mal gut« suche ich bewusst nach Möglichkeiten, meinen Geist wach und offen zu halten. Besonders hilfreich ist dabei mein Netzwerk, in dem ich mich über zahlreiche Kontakte mit Menschen freuen kann, die in völlig anderen Branchen zu Hause sind.

Aber nicht nur das Netzwerk trägt dazu bei, mich zu inspirieren. Wenn ich auf der Suche nach guten Slogans bin, kaufe ich mir eine Sammlung Zeitschriften, von der »Auto BILD« bis zu »Wallpaper«, deren plakative Tonalität mich motiviert, eigene Ideen zu entwickeln. Anregung geben mir auch Gespräche mit Freunden und Kollegen, ein Aufenthalt im Café oder am Flughafen. Inspirationen finden sich überall, wo man mit Menschen reden oder sie beobachten kann. Wie leben sie? Wo wohnen sie? Was arbeiten sie? Sind sie im Trott? Oder sind sie innovativ? Wie würden sie mein aktuelles berufliches Thema beurteilen? Und wenn ich mir überlege, dass meine Freundin, die Krankenschwester ist, auf der Intensivstation mein aktuelles Marketingproblem belanglos fände, schafft das eine wohltuende Distanz. Diese wiederum macht es mir leichter, neu anzusetzen und schließlich eine Lösung zu finden.

Zeit für Innovationsprojekte

Effektivität durch Innovation heißt konsequenterweise auch, Arbeits- und Denkzeit für den Innovationsprozess zu schaffen. Denn neue Wege lassen sich nur beschreiten, wenn es dafür genügend Freiräume gibt. Ein Marketingchef, der gleich einem Hamster im Rad stur seinen Terminkalender »abstrampelt«, wird kein Innovator sein. Die Devise lautet also: Raus aus der Routine! Ein guter Marketingmanager darf *nicht* der Verwalter eines ewig gleichen Prozesses sein. Denn dafür ist er zu teuer. Wenn Unternehmen die heute üblichen Gehälter für Marketingmanager zahlen, haben sie ein Recht darauf, mehr zu erwarten. Also bieten Sie Ihrem Unternehmen mehr, bieten Sie Innovation.

Entscheidend für den Erfolg des Innovationsträgers ist, dass er selbst sehr gut organisiert ist und genügend Zeit für seine Innovationsprojekte plant. Schließlich ist er es, der das Team, das laufende Geschäft und das neue Vorhaben organisatorisch in Einklang bringen muss.

Nutzen Sie als Marketingchef daher alle Ihnen verfügbare Zeitmanagementtools und -tricks, um sich Zeit für Innovationsprojekte frei zu halten. Das hört sich leichter an, als es ist. Denn auch wenn Sie Innovation mögen und ein dynamischer Mensch sind, beinahe jeder hat den – fatalen – Hang zur Bequemlichkeit und neigt daher dazu, sich in Routineaufgaben einzurichten. Dies nicht zuletzt, weil altbekannte Abläufe neben der Langeweile auch das Gefühl von Sicherheit vermitteln. Denn wer den Ablauf eines Projektes kennt und außerdem weiß, wer die Player darin sind, kann ohne größere Überraschungen in aller Ruhe abarbeiten, was abzuarbeiten ist. Das mag ein wenig eintönig sein, hat aber durchaus seine angenehmen Seiten. Auf die aber muss der Marketingchef verzichten. Denn seine erste Aufgabe ist es, stets das Neue zu suchen – gleichwohl er nicht jede »Neuentdeckung« automatisch in seinem Bereich umsetzen muss.

Weil Routine ein wahrer Innovationskiller ist, muss sich jeder Manager, der innovativ sein will, überlegen, wie er stereotyp wiederkehrende Aufgaben vom Tisch schafft, um sich seinen Hauptaufgaben, nämlich der Innovation, zu widmen. Nun dann kann er sich auf die Themen konzentrieren, die den entscheidenden Unterschied machen. Für die Organisation des Marketings empfehle ich daher, die klassischen Marketingaufgaben an Agenturen oder Freelancer auszulagern, damit das Kernteam wertvollen Freiraum für Innovationsprojekte erhält.

Übrigens: Selbst beim Auslagern der Routineprojekte an Externe ist Abwechslung gefragt. Denn auch bei Externen führt zu viel Routine zu Ermüdungserscheinungen. Nur wenn – extern wie intern – die Zuständigkeiten nach einer gewissen Zeit wechseln, umgeht man den Trott, der zu Langeweile, Nachlässigkeit und schwindendem Enthusiasmus führt.

Sieben Tipps für eine kreative Atmosphäre:

- Machen Sie den Kopf frei! Damit lässt es sich – wieder – über den Tellerrand hinaussehen. Es liegt in der Verantwortung des Managers, den Mitarbeitern den erforderlichen Freiraum zu gewähren.
- Gehen Sie raus aus dem Büro. Versuchen Sie es mit einem Arbeitsspaziergang oder besuchen Sie die Cafeteria, um allein oder gemeinsam mit Kollegen kreativ zu sein.
- Holen Sie Anregungen von außen! Finden Sie heraus, was man in anderen Branchen macht. Holen Sie sich externe Moderatoren ins Haus.

- Fehler sind erlaubt. Denn Angst vor dem Scheitern hemmt Kreativität und erstickt jede neue Idee im Keim. Aber Vorsicht: Jeden Fehler sollte man nur einmal machen und dann daraus lernen.
- Stellen Sie Mitarbeiter aus anderen Branchen ein! Sie bringen automatisch eine neue Sicht auf die Dinge mit.
- Seien Sie als Manager ein Vorbild. Sie müssen nicht der Kreative sein, aber leben Sie vor, dass und wie man sich Anregungen holt und umsetzt.
- Unterstützen Sie Ihre Mitarbeiter dabei, sich aktiv in Netzwerken zu engagieren! Denn kollegialer und freundschaftlicher Austausch ist essenziell.

So erhöhen Sie Ihre eigene Kreativität:

- Verlassen Sie den Arbeitsplatz. Bereits ein kleiner Spaziergang kann Wunder wirken.
- Werden Sie nicht zum Einzelkämpfer. Tauschen Sie sich mit anderen aus und holen Sie sich Denkhilfe für Ihre Fragestellungen.
- Schaffen Sie ein »heterogenes« Netzwerk. Gehen Sie bewusst auf neue, branchenfremde Kontakte zu. Oft ergeben sich daraus spannende und innovative Anregungen, mit denen Sie in Ihrem Umfeld punkten können. (Mehr dazu finden Sie in Kapitel 2 dieses Buches.)
- Erlernen Sie Kreativitätsmethoden! Es ist möglich, Ideen am laufenden Band zu produzieren.
- Seien Sie informiert und interessiert. Anregungen finden Sie überall. Sei es am Zeitungsstand, im Supermarkt oder in der Oper.
- Sorgen Sie für Muße. Es braucht Zeiten des »Herunterfahrens«, sprich: Man muss sich auch mal langweilen können. Dann entstehen plötzlich aus dem Nichts völlig neue Ideen.
- Entwickeln Sie Ihren Inner Circle. Schaffen Sie eine kleine Gruppe guter Kontakte, in der Sie eine neue Idee kritisch diskutieren können. Dies kann auch weltumspannend sein, denn eine Idee und Ihre Fragen dazu können Sie auch in einer E-Mail beschreiben.

»Machen und machen lassen«
Von Anke Meyer-Grashorn

Warum sind manche Unternehmen innovativer als andere? Was machen sie anders? Wie schaffen Sie es, den mühsamen Weg von der Idee bis zur Innovation zu gehen? Warum brauchen Unternehmen Innovationspersönlichkeiten wie Regina Mehler, die aus Spinnereien erfolgreich realisierte Produkte und Leistungen machen? Leider gibt es wie so oft kein Patentrezept. Aus der Zusammenarbeit mit Adobe Systems und anderen erfolgreichen innovativen Unternehmen und Organisationen aus unterschiedlichsten Branchen haben sich jedoch für mich einige Aspekte herauskristallisiert, die zum Innovationserfolg beitragen.

Innovation in innovativen Unternehmen ist eine Frage der Kultur. Woran merken Sie, dass Ihr Unternehmen über Innovationskultur verfügt? Ganz einfach daran, dass Innovation für Sie völlig normal ist. In Unternehmen ohne gelebte Innovationskultur ertönt beim Stichwort »Innovation« nicht selten die Alarmglocke, die einen Ausnahmezustand einläutet. Dann werden Teams aus ihren »normalen« Bahnen gerissen, als Sondereinsatzkommandos in weit entfernte Workshop-Locations entsandt, um dort in geheimer Mission verwegene Dinge zu erdenken, die über die Zukunft der gesamten Organisation, wenn nicht gar Welt, entscheiden. Die daran Unbeteiligten bekommen von diesem Einsatz meist gar nichts mit. Die daran Beteiligten sind nach ein bis zwei Tagen sehr froh, dass das Ganze zu einem guten Ende kommt, der Ausnahmezustand erfolgreich gebannt wurde und danach alle wieder weitermachen können wie vor der Alarmstufe Innovation. Als ich einmal bei 3M – die mit den Post-its und vielen anderen Innovationen – anrief und an der Zentrale nach einem Ansprechpartner für Innovation fragte, kicherte die Dame am anderen Ende der Leitung amüsiert und antwortete: »Bei uns sind alle innovativ!« Das nenne ich Innovationskultur!

Im Folgenden fasse ich diejenigen Punkte zusammen, die aus meiner persönlichen Erfahrung die Voraussetzungen dafür sind, dass ein Unternehmen aus Ideen erfolgreiche Innovationen hervorbringt. Nicht in jedem Unternehmen sind alle Punkte in vollem Umfang gegeben, auch die konkreten Auswirkungen im Tagesgeschäft variieren. Die Liste ist vielmehr eine Sammlung an wichtigen Kriterien, die nachweislich zum Innovationserfolg Ihres Unternehmens beitragen können und die wesentlichen Rahmenbedingungen dafür schaffen.

■ INNOVATION IST TEIL DER UNTERNEHMENSPHILOSOPHIE

Innovation ist als Wert und Ziel schriftlich verankert, sei es in den jeweilgen Vision und Mission Statements, in den Leitbildern, in Zielvereinbarungen oder Ähnlichem. Das klare, schriftliche Bekenntnis zur Innovation setzt ein eindeutiges Zeichen für alle Beteiligten. Innovation ist eine unternehmerische Grundsatzentscheidung, Teil der Unternehmensphilosophie und der Unternehmenskultur. Eine Innovationskultur im ganzen Unternehmen ist die Basis dafür, dass Innovation auch tatsächlich stattfindet und sich jemand traut, neue Ideen ins Spiel zu bringen. Eine Innovationskultur kann man nicht jetzt und heute anordnen, sie ist ein längerer Prozess, der das ständige Engagement aller Beteiligten erfordert.

Ein öffentlich erkennbares Merkmal eines schriftlichen Bekenntnisses zur Innovation findet sich bei erfolgreichen Unternehmen zum Beispiel auf deren Internetseite, auf der das Wort Innovation gerne auf der ersten, spätestens auf der zweiten Seite unter »Forschung und Entwicklung« erscheint.

■ Der Innovation liegt Strategie und System zugrunde

Strategie bedeutet, klare Ziele und Vorgehensweisen im Bezug auf Innovation festzulegen, anhand derer auch eine Messbarkeit und damit Kurskorrekturen möglich sind. Viele der erfolgreichen Firmen setzen Innovationsquoten fest, zum Beispiel wie viel Prozent der Produkte nicht älter als drei Jahre sein dürfen oder wie viel Prozent des Umsatzes mit neuen Produkten erzielt werden. System bedeutet, dass das Ganze nicht auf Zufall beruht, sondern dass ein Prozess zugrunde liegt, der erklärbar, nachvollziehbar, erlernbar und bewertbar ist.

■ Innovation braucht Kümmerer und Vorbilder

Innovation ist Chefsache und ganz klare Führungsaufgabe. Innovation braucht jemanden, der sich kümmert, der sich verantwortlich fühlt und das Thema persönlich aktiv treibt. Chefsache bedeutet nicht, dass Firmenchefs oder die Führungsriege selbst den ganzen Tag vor Ideen sprühen müssen. Chefsache bedeutet, dass Führungskräfte die Notwendigkeit des Themas und den Nutzen aller Denk- und Tüftelanstrengungen selbst erkennen und ihren Mitarbeiterinnen und Mitarbeitern täglich von Neuem deutlich machen. Die Chefs müssen die Möglichkeiten und Rahmenbedingungen schaffen, damit andere querdenken und Neues schaffen können. Jeder noch so gute Innovationsprozess wird scheitern, wenn das persönliche, ernst gemeinte und sichtbare Engagement der Führung fehlt.

▪ Innovation braucht Raum, Zeit und Ressourcen

Innovation ist kein Zufall und entsteht nicht nebenbei oder dann, wenn alles wirklich Ernstzunehmende erledigt ist. Die tägliche Routine ist der Feind des kreativen Denkens. Innovatoren brauchen Freiräume, in denen anders zu denken möglich ist, eine optimale Mischung aus Entspannung und Konzentration und Sicherheit und Stimulation. Innovatoren brauchen auch Zeit, um Gedanken zu entwickeln und aus Ideen Innovationen zu machen. In manchen Firmen sind das Freiräume in Form von speziellen Tagen, zum Beispiel ein Tag in der Woche, an dem sich jeder Mitarbeiter mit neuen Ideen, Erfindungen oder Produkten nach seinem Belieben beschäftigen kann. Oder es sind spezielle Räume, die als Denkräume oder Ideenecken eingerichtet werden. Es sind zum Beispiel regelmäßige Workshops, Vorträge, kleine, aber konstante Lerneinheiten, Benchmarks und Austausch mit anderen Firmen, Inhouse-Messen, auf denen Mitarbeiter ihre neuen Ideen intern präsentieren.

▪ Innovation bedeutet aktives Sammeln und Jagen

Ideen sind die Voraussetzung für Innovationen und Wettbewerbsvorteile, sie sind ein wertvolles Gut. Innovative Unternehmen sind ganz heiß auf Ideen und sammeln so viel davon, wie sie bekommen können. Je mehr, desto besser. Erfolgreiche Unternehmen haben ein gut funktionierendes Ideenmanagement, um die Ideen ihrer Mitarbeiter zusammenzutragen. Sie zapfen alle möglichen Ideenquellen an, sie veranstalten Wettbewerbe, zahlen Prämien. Manche öffnen sogar den Prozess und beteiligen ihre Kunden und die Außenwelt als externe Mitdenker bei der Ideenproduktion.

- **Innovation ist Leben und Bewegung**

Innovation und das Neue sind per se nicht statisch, sondern voller Bewegung und Energie. Ob ein Thema lebt und ständig präsent ist, hat in erster Linie mit Kommunikation zu tun. Innovation im Unternehmen braucht umfassende Kommunikationsunterstützung inhouse und auch extern, um alle immer wieder daran zu erinnern, dass es sich um ein essenzielles Thema handelt, das hohe Priorität besitzt.

- **Die Struktur der Innovation sind Netzwerke, Kooperationen und Partnerschaften**

Innovative Unternehmen knüpfen aktiv Netzwerke, überwinden Abteilungsdenke, tauschen sich in heterogenen Teams hierarchie- und bereichsübergreifend aus. Und sie sind in Kontakt mit interessanten Stellen außerhalb des Unternehmens. Diese unterschiedlichen Impulse und Inspirationen von innen und außen sind der Nährboden für neue Ideen. Gruppen sind bei der Ideenproduktion um ein Vielfaches kreativer und produktiver als Einzelpersonen.

- **Innovation erfordert Mut, Herzblut und Leidenschaft**

Es gibt nichts Gutes, außer man tut es. Die meisten der bisherigen Punkte dieser Liste sind nichts Neues. Eigentlich wissen wir, wie es gehen und funktionieren könnte. Das, was innovative Unternehmen von weniger innovativen unterscheidet, ist, dass sie ihr Wissen auch umsetzen. Dass sie tun, wovon sie reden. Dass sie mutig Neuland betreten mit dem Wissen, dass das Ganze auch schief gehen kann. No risk, no fun. Ohne Mut passiert nichts Neues. Dazu finden wir in den Geschichtsbüchern unzählige Beispiele.

Da werden diejenigen genannt, die sich getraut haben, die gegen den Strom geschwommen sind, sich nicht von Mehrheiten, Ja-aber-Sagern und Bedenkenträgern haben beeindrucken und abbringen lassen.

INNOVATION MENSCHELT

Die meisten der genannten Voraussetzungen für erfolgreiche Innovationen haben eines gemeinsam: es menschelt. Innovationsfähigkeit hat mit Personen zu tun. Nicht Unternehmen sind innovativ, es sind deren Mitarbeiter. »Kreativität findet in einem Umkreis von 50 Metern statt«, hat der Münchner Psychologe und Hirnforscher Ernst Pöppel gesagt. Und damit bestätigt, was ich aus vielen Workshops und Seminaren weiß. Kreatives Denken und die daraus realisierte Innovation braucht physische Nähe, den direkten Austausch und persönlichen Kontakt, das Gespräch zwischen Menschen, den Blickkontakt, das Spüren der Energie, die der Prozess freisetzt.

Innovation ist verbunden mit starken Gefühlen, mit Veränderung, mit Ängsten und mit Mut. An dieser Verbindung können wir nicht rütteln. Aber wir können nur unsere persönliche Einstellung dazu verändern und beschließen, dass wir Innovationen gegenüber offen sind. Wir können Methoden und Tricks entwickeln, um unsere Angst in den Griff zu bekommen und uns bewusst für den Mut entschließen. Wir können klein anfangen und uns langsam steigern, wenn die ersten Erfolg sichtbar sind und die weiteren Schritte einfacher machen.

Wenn ich Angst verspüre, dann hilft mir meine persönliche Worst-Case-Rechnung und die Überlegung: Was passiert im schlimmsten Fall, wenn ich das oder jenes tue? Ich versetze mich gedanklich intensiv in die Situation hinein und erlebe sie bis zum bitteren Ende durch. Dann muss ich mich entscheiden, ob ich mit den schlimmsten Konsequenzen leben kann oder nicht. Was passiert zum Beispiel, wenn ich beim nächsten Vorstandsmeeting die von mir geforderten neuen Ideen präsentiere und mir – damit gleich klar ist, dass heute etwas anders ist – dazu eine rote Pappnase aufsetze und anstelle des Flipcharts die Wand mit Permanentmarker in großen Lettern beschreibe? Vielleicht werde ich ausgelacht, vielleicht empfiehlt mir jemand einen guten Arzt, vielleicht wird jemand ärgerlich und wirft mich raus. Vielleicht bin ich meinen wichtigsten Kunden damit los. Mit Sicherheit muss ich die Wand auf meine Kosten streichen lassen.

Womit kann ich leben, womit nicht? Ausgelacht werden ist kein Problem für mich. Ist der Ruf erst ruiniert, spinnt sich's völlig ungeniert. Die Wand? Lächerlich. Der ärgerliche Kunde und der Verlust desselben – ja, das schmerzt. Wenn ich aber weiter überlege, dass jemand, der mich extra dafür bezahlt, anders zu sein als der Rest, bereits wegen einer Pappnase und einer beschriebenen Wand ausflippt, dann sollte mir das zu denken geben. Ob das eine gute Basis für eine langfristige Geschäftsbeziehung ist? Vielleicht besser gleich Platz machen für einen anderen Kunden, der die bestellten neuen Wege und Routineunterbrechungen auch schätzt. Das wären in diesem Fall meine ganz persönlichen Überlegungen. Ich würde das Risiko eingehen.

Wenn Sie bei derselben Geschichte Magenkrämpfe bekommen, Sie auf keinen Fall den Kunden verlieren möchten oder bereits abwinken, wenn jemand vielleicht über sie lachen könnte, dann können Sie sich die Investition in die rote Pappnase sparen. Und den Rest auch. Dann sollten Sie sich aber folgende Worst-Case-Frage stellen: »Was passiert, wenn nichts passiert und alles beim Alten bleibt?« Die Konsequenzen, die hier im schlimmsten Fall eintreten können, sind manchmal wesentlich gravierender und ein echtes Risiko. Innovieren auf sicherem Boden ist nicht möglich. Also: Nur Mut! Spinnen ist Pflicht!

Ideenlieferanten und Impulsgeber
Wie ein gutes Netzwerk Sie beruflich und privat inspiriert

Ob eine Anregung, Idee oder Meinung – wenn ich allein nicht weiterkomme, kann ich mich auf mein persönliches Netzwerk verlassen. Dieses ist im Laufe von mehr als zehn Jahren entstanden und dazu zählen all jene, mit denen ich mich regelmäßig zu Fragen rund um Beruf und Karriere austausche. Bei dieser Gruppe von Menschen kann ich sicher sein, dass sich meine Ansprechpartner Gedanken machen, wenn ich Sie um konkrete Unterstützung bitte. Das ist nicht nur ein gutes Gefühl, sondern hat mir schon vielfach geholfen, die passende Lösung für eine Fragestellung zu finden. In meinem Netzwerk kann ich unausgereifte Gedanken und verrückte Einfälle diskutieren, die ich im eigenen Unternehmen noch nicht präsentieren möchte. Es kann meine Testgruppe für Neues sein »Wie findet Ihr eigentlich ...« und vor allen Dingen kann ich dort von anderen und mit anderen lernen. Denn das Netzwerk bietet gebündeltes Wissen und Kompetenz, die ich als Einzelperson gar nicht aufbauen kann, die ich aber im Netzwerk ungeniert für meine Ziele nutzen darf.

> »Sobald wir verstanden haben, dass das Geheimnis des Glücks nicht im Besitz liegt, sondern im Geben, werden wir, indem wir um uns herum glücklich machen, selbst glücklich werden.«
> ANDRÉ GIDE

Anders als bei einem Team von Kollegen gibt es im Netzwerk kein gemeinsames Ziel und keine Hierarchie. Es gibt kein Messen oder Vergleichen, also keinen Wettbewerb. Stattdessen sind die Netzwerker durch Geben und Nehmen auf Basis eines freiwilligen, fairen Austausches verbunden, der zu Gewinn auf allen Seiten führt. Der ungeschriebene Vertrag zwischen den Netzwerkern besteht darin, dass jeder jederzeit um Unterstützung, Antworten oder Meinungen bitten darf. All das wird er erhalten, solange er sich selbst mit entsprechendem Input im Netzwerk engagiert.

Das Faszinierende an diesem Austausch ist, dass zwar – im Gegensatz zum Team im Unternehmen – jeder seine eigenen, individuellen Ziele verfolgt, diese aber dank Netzwerk schneller und leichter erreicht werden, als wenn jeder allein agiert. Kurzum: Ein Netzwerk lebt vom Win-Win. Jeder profitiert.

Egal, ob Sie eine außergewöhnliche Location in Moskau suchen, einen Ansprechpartner zu Fragen der IT-Infrastruktur in Pakistan oder den Kontakt zu einem Astronauten – in einem gut funktionierenden (Marketing-)Netzwerk kann Ihnen in der Regel bei jeder Fragestellung jemand weiterhelfen. Oder neutrales Feedback geben. Zum Beispiel zu einem Vortrag oder zu der PowerPoint-Präsentation, die den Chef von einer neuen Projektidee überzeugen soll.

Im Netzwerk lassen sich Fragen der Mitarbeiterführung oder Karriereplanung mit einer Offenheit diskutieren, die im eigenen Unternehmen nicht möglich ist. Außerdem hilft das Netzwerk dabei, die Allgemeinbildung zu erweitern. Schnell und unkompliziert informiert es über Themen, die außerhalb des beruflichen Aufgabenbereichs liegen und gerade deshalb inspirierend sind.

»Es kommt weniger darauf an, was du kannst, sondern wen du kennst.«
Unbekannt

Die Netzwerkfamilie

In einer Gesellschaft, die immer anonymer wird, finde ich es mehr als notwendig, sich ein persönliches Netzwerk aufzubauen und/oder sich in bestehenden Netzwerkorganisationen zu engagieren. In einer Welt, die immer schnelllebiger wird, kommt dem Netzwerk jenseits allen Nutzwerts auch eine soziale Funktion zu. Wir wechseln die Jobs – freiwillig oder unfreiwillig – und damit auch unsere soziale Umgebung. Hier schaffen Netzwerke die notwendige Kontinuität. Denn die Stabilität, die unsere Eltern bei einem Arbeitgeber fanden, der sie über Jahre oder Jahrzehnte hinweg beschäftigte, existiert heute nicht mehr. Die soziale Basis und die damit verbundene Sicherheit aber brauchen wir nach wie vor.

»Tun Sie gelegentlich etwas, womit Sie weniger oder gar nichts verdienen. Es zahlt sich aus!«
Oliver Hassencamp

> »Der Manager der Zukunft wird nicht in der Rolle des Machers bestehen, sondern muss sich als Knotenpunkt in einem Netzwerk kreativer Intelligenzen bewähren.«
> Prof. Dr. Peter Kruse

Zudem sind Netzwerke eine gute Plattform, das eigene Wissen zu erweitern und so ein High-Performer zu sein und zu bleiben. Das Berufsleben erfordert ständiges Lernen und in vielen Aufgabenbereichen immer wieder neue Ideen. Wer hier mithalten will, muss die »Best Practices« kennen. Welche das aktuell sind, erfahre ich nur, wenn ich über den Tellerrand des eigenen Unternehmens blicke.

Nicht zuletzt kann das Netzwerk helfen, die eigene berufliche Situation spannender zu gestalten. Wer in wiederkehrenden Abläufen und Projekten arbeitet und sich dadurch unterfordert fühlt, kann im Netzwerk wichtige Impulse finden. Es motiviert möglicherweise, neue Projekte anzugehen – und trägt so dazu bei, das Arbeitsleben wieder interessanter zu gestalten.

> »Meine Freunde sind mein Vermögen.«
> Emily Dickinson

Einen besonderen Aufschwung konnten Netzwerke in der Krise der Jahre 2008 und 2009 verzeichnen. So konnte *Xing* im Jahr 2008 seine Mitgliederzahl um 45 Prozent auf rund sieben Millionen und seinen Umsatz um 80 Prozent auf rund 35 Millionen Euro steigern. 2009 waren es bereits 8,75 Millionen Mitglieder, d.h. ein Wachstum von 26 Prozent im Vergleich zum Vorjahr. Der Umsatz steigert sich um 28 Prozent, dh das Unternehmen erreichte 45 Millionen Euro Umsatz.

Unvermeidbar und unverzichtbar: das persönliche Kontaktumfeld

Wenn Sie nun zu den Menschen gehören, die nicht gezielt Netzwerk-Kontakte aufbauen und pflegen, können Sie völlig entspannt bleiben. Denn auch wenn Sie sich dessen nicht bewusst sind: Sie besitzen bereits ein Netzwerk. Denn das Netzwerken lässt sich fast nicht vermeiden. So hat jeder im Lauf seiner Ausbildung und seines Berufslebens Kontakte geknüpft, um sich zu berufliche Themen auszutauschen. Im Studium tauscht man Mitschriften und Prüfungsfragen aus, in der Bewerbungsphase Tipps für das Anschreiben oder Vorlagen für den englischsprachigen Lebenslauf – ohne dass sich daraus zwangsläufig private Freundschaften entwickeln. Später bleibt der Kontakt zu Exkollegen bestehen, möglicherweise empfiehlt man sich gegenseitig weiter und teilt einander Erfahrungen rund um neue Arbeitgeber oder Fortbildungsmöglichkeiten mit. Dieses bestehende Netzwerk können Sie nun gezielt und systematisch erweitern.

Doch zunächst ein paar Gedanken zur Netzwerkdefinition: Ein Netzwerk ist das Zusammenkommen von Menschen mit dem Ziel, in der Gruppe zu lernen. Es ist gewissermaßen eine Tauschbörse für Anregungen und Ideen. Die Mitglieder möchten dort Themen diskutieren und aus den Erfahrungen anderer lernen. Ein Netzwerk ist auf Wachstum von Wissen, Ideen und Kontakten ausgerichtet. Dort begegnet man einander mit großer Offenheit. Ein Netzwerker beschränkt sich nicht auf einen bestimmten Kreis, sondern blickt immer wieder darüber hinaus, um den Wirkungsgrad der eigenen Arbeit zu verbessern. So wird hohe Kompetenz quasi garantiert. Denn wer für immer neue Kontakte und frische Ideen offen ist, entwickelt den eigenen Horizont kontinuierlich weiter.

»Halte dich von Menschen fern, die deine Ziele lächerlich machen. Kleindenker tun das immer. Wirklich große und erfolgreiche Menschen geben dir dagegen das Gefühl, dass auch du groß und erfolgreich werden kannst.«
MARK TWAIN

Nachhaltigkeit zählt

Netzwerken will langfristig angelegt sein. Darüber lassen sich nicht ad hoc neue Kunden oder Aufträge gewinnen oder Know-how im Einbahnstraßenmodus transferieren. Im Gegenteil: Die (meist) ungeschriebenen Netzwerkregeln verbieten dies sogar. So ist es tabu, in Netzwerken, die man nicht oder kaum kennt, zu akquirieren. Das kommt zwar (leider) immer wieder vor, degradiert diese Institutionen jedoch zu Verkaufsveranstaltungen.

> »Wer Netzwerke mit einem überdimensionalen Marktstand für seine Angebotspalette verwechselt, scheitert.«
> BRIGITTE ETTL, Wirtschaftscoach

In einem Netzwerk, von dem Sie langfristig profitieren wollen, sieht das anders aus, dort können Sie:

- Menschen kennenlernen, auf deren Wirken und Tun Sie neugierig sind
- Erfahrungen austauschen, unter anderem auch, um herauszufinden, wo Sie mit Ihren Stärken und Schwächen im Vergleich zu anderen stehen
- im Austausch mit anderen neue Ideen entwickeln
- eigenes Wissen, eigene Ideen und eigene Meinungen einbringen

Die Offenheit und die Bereitschaft, das eigene Wissen ständig zu erweitern, grenzen das Netzwerk von der Seilschaft ab. Die Seilschaft engt sich ein und wählt aus, wodurch die Qualität im Lauf der Zeit immer schlechter wird und neue Kontakte nur selten dazukommen. Ein Netzwerk hingegen funktioniert umso besser, je mehr Menschen aus verschiedenen Berufsfeldern und mit unterschiedlichem Hintergrund man integriert. Je vielfältiger die Kontakte, desto ungewöhnlicher die Inspiration. Teil des persönlichen Netzwerks können übrigens auch die Arbeitskollegen sein. Ob man das möchte oder nicht, darüber befindet jeder persönlich. Zu bedenken ist lediglich, dass es vielleicht die ein oder andere Karrierefrage oder Idee gibt, die man nicht im Kollegenkreis besprechen möchte.

Daher bin ich nicht nur in einem, sondern in mehreren Netzwerken aktives Mitglied. Beim europäischen *Marketing-Experten-Netzwerk* (www.cmocouncil.org), finde ich Anregungen, um fachlich auf dem Laufenden zu bleiben. Gleichzeitig interessieren mich Netzwerke im Managementumfeld.

Zusätzlich bin ich Mitglied in Netzwerken, in denen ich Menschen aus den verschiedensten Berufsgruppen treffe: die Heilpraktikerin, den Investmentbanker, die Architektin oder einen Geschäftsführer. Dafür bieten sich etwa Netzwerktreffen der IHK oder der Jungunternehmer an. Auch spezielle Frauennetzwerke wie das Netzwerk *WOMAN'S BUSINESS CLUB* bieten gute Möglichkeiten, Kontakte quer durch alle Branchen und Funktionen zu knüpfen. Übrigens beziehe ich aus diesen Netzwerken oft die kreativsten Ideen.

»Das Internet wurde nicht für den Verkauf, sondern für die Kommunikation zwischen Menschen geschaffen.«

FERI THIERRY, Politikberater

Real, virtuell oder gemischt

In Zeiten von Web 2.0 und Social Media ist das persönliche Zusammentreffen nicht zwangsläufig erforderlich, um Kontakte zu pflegen. Ob *Xing* oder *LinkedIn*, *Twitter* oder *Facebook*, sie alle dienen der Kontaktpflege mit früheren Kollegen, mit aktuellen Geschäftspartnern und als Diskussionsforum für verschiedenste Themen.

Zum Reinklicken:
Erste Links für neue Netzwerkoptionen

Netzwerke
- Alster Business Club: www.alster-business-club.de
- BPW German Club Nürnberg e. V.: www.bpw-nuernberg.de
- Connecta e. V.: www.frauennetzwerk-connecta.de
- EPWN: www.europeanpwn.net
- Elephant Club e. V.: www.elephantsclub.de
- Kaufmanns-Casino München e. V.: www.kaufmannscasino.de
- Lions Club – Junge Löwen: www.lions.de/cps/rde/xchg/lions-club/hs.xsl/128.htm
- Marketing-Club München: www.marketingclubmuenchen.de/das_clubleben/mitgliedschaft.php
- Webgrrls – Business Networking für Frauen in den Neuen Medien: www.webgrrls.de
- Woman's Business Club: www.womans-business-club.de

Online-Netzwerke:
- LinkedIn: www.linkedin.com
- Manager Lounge: https://manager-lounge.manager-magazin.de/?adi=5
- PerformersCircle: www.performerscircle.com/performersCircleUI/Mission.aspx
- socialBC: www.socialbc.com/de/home
- Twitter: www.twitter.de
- Xing: www.xing.com
- Facebook: www.facebook.de

> »Es schadet nichts, wenn Starke sich verstärken.«
> Johann Wolfgang von Goethe

Den Mix aus persönlichem Kontakt und Kommunikation auf digitalem Weg finde ich besonders effektiv. Es gibt Menschen in meinem Netzwerk, die ich nur ein bis zwei Mal in meinem Leben persönlich getroffen habe, mit denen ich mich seither aber regelmäßig per E-Mail austausche. Das ist nützlich und gut. Wirklich spannend aber wird es, wenn ich meinen Kontakten in den Netzwerken nicht nur als »Informations- bzw. Inspirationsbringer«, sondern als Mensch begegne. Denn auch wenn wir es im Wirtschaftsleben gewohnt sind, zunächst einmal auf den Nutzen und die Effizienz zu schauen: Spaß macht das Berufsleben vor allem dann, wenn es positive zwischenmenschliche Begegnungen ermöglicht – das gemeinsame Lösen einer Aufgabe, ein gemeinsamer Erfolg, ein gemeinsames Erlebnis. Sie kennen den Spruch »Das Geschäft wird von Menschen gemacht«? Genauso ist es bei Netzwerken.

> »Vertrauensvolle Beziehungen entfalten sich dort, wo man ihnen Raum gibt.«
> Tom Noeding

Je persönlicher meine Netzwerkkontakte sind und je länger sie bestehen, desto gehaltvoller werden sie. Daraus hat sich mein sogenannter Inner Circle entwickelt, der Kreis jener Kontakte, die so persönlich und stabil sind, dass ich sie auch bei sehr sensiblen oder geschäftlich brisanten Themen befragen kann. Der Inner Circle funktioniert wie ein Freundeskreis, denn er beruht auf einem seit Langem gewachsenen Vertrauen, das einen umfassenden und tiefgehenden Austausch ermöglicht.

Ideenlieferanten und Impulsgeber

Geben und Nehmen als Funktionsprinzip

Gute Netzwerke beruhen auf einem fairen Austausch. In jedem Netzwerk muss jeder Input geben. Wenn Sie sich also beim Netzwerken darauf fokussieren, möglichst viele Informationen für sich zu gewinnen, werden Sie nicht erfolgreich sein. Stattdessen müssen Sie bereit sein, eigene Erfahrungen und eigenes Know-how einzubringen. Das kann im ersten Schritt darin bestehen, über die eigene Motivation, eigene Erfolge und aktuelle Aufgabenstellungen zu erzählen. Schließlich wollen nicht nur Sie die Ansprechpartner im Netzwerk kennenlernen, sondern die Netzwerkmitglieder sind auch interessiert an Ihrer Person.

Das ist oft schwieriger, als es klingt. Besonders im persönlichen Gespräch. Es erfordert durchaus Übung, von sich selbst, dem beruflichen Werdegang, schwierigen Fragen und deren Lösung zu erzählen. (Hand aufs Herz: Wann haben Sie es zuletzt getan?) Unter Umständen kostet es etwas Zeit, sich darauf einzulassen. Das sollte aber niemanden verunsichern, denn es geht allen so – auch mir. Noch heute, nach zehn Jahren erfolgreichen Netzwerkens, muss ich mir einen kleinen inneren Schubs geben, wenn ich eine Veranstaltung besuche, bei der ich auf neue »Kontakte« treffe. Wahrscheinlich basiert das auf einer Scheu, die in der Natur des Menschen liegt. Schließlich war für Neandertaler und Co. die Zurückhaltung gegenüber Fremden eine Überlebensstrategie. Diese angeborene Vorsicht überwinde ich mit einer Portion Vernunft. Ich mache mir bewusst, dass sich alle anderen Anwesenden in genau der gleichen Situation befinden wie ich: Sie suchen neue Kontakte, sie kennen vermutlich kaum jemanden – und auch wenn sie in fröhlichen Gruppen beieinander stehen und plaudern, haben sie sich wahrscheinlich soeben erst kennengelernt.

In Netzwerken, die regelmäßige persönliche Treffen organisieren, ist das Spektrum an Möglichkeiten, sich in ein Netzwerk

»Wer ein Netzwerk spinnen will, muss sich also Leute suchen, die Spass an Bewegung haben, die hungrig auf Neues und bereit sind, einem ins Neuland zu folgen. Mit Besitzstandswahrern und Bedenkenträgern ist kein Netzwerk zu weben.«
HANS-CHRISTIAN BLUNK, Unternehmensberater

> »Networking means sending out into the system what we have and what we know, and having it return to recirculate continually through the network.«
> WAYNE DYER

einzubringen, denkbar breit: In manchen Netzwerken ist es beispielsweise gewünscht, dass die Mitglieder Vorträge halten. Bittet man Sie darum, nutzen Sie die Chance und sagen Sie Ja. Oder es wird ein Raum für eine Abendveranstaltung gesucht. Stellen Sie dafür, wenn möglich, Räumlichkeiten Ihres Unternehmens zur Verfügung. Oder jemand sucht eine Event-Agentur, einen Caterer, einen Weinlieferanten etc. Wenn Sie eine Möglichkeit sehen, ein Vorhaben irgendwie zu unterstützen, tun Sie es. Je mehr Sie sich einbringen, desto bekannter werden Sie und desto leichter werden Sie weitere Kontakte knüpfen. Und dann fängt es an, richtig an Freude zu machen – und auch für Sie nützlich zu sein.

So sind die Zeiten, in denen ich als Marketier nach Agenturen oder Pressekontakten in verschiedenen Ländern recherchierte, längst passé. Ich frage lediglich ein paar Kontakte aus meinem Netzwerk an, schon habe ich eine Reihe wertvoller Vorschläge. Denn im Geschäft funktioniert es wie im Privatleben: Auch hier bitten Sie lieber Freunde um eine Empfehlung für ein Restaurant oder einen Fitnessclub, als die »Gelben Seiten« zu bemühen.

Quer netzwerken

> Es sind die Begegnungen mit Menschen, die das Leben lebenswert machen.«
> GUY DE MAUPASSANT

Ich habe es bereits erwähnt: Netzwerke, die bunt gemischt, also nicht nach Fachbereichen oder Branchen organisiert sind, können besonders wertvoll sein. Etwa der Golfclub, Rotary oder ein Frauennetzwerk. Dort treffen Buchhalter auf Bildhauer, Maler auf Marketiers und Techniker auf Texter. Und genau das macht es spannend, weil oft erst die Begegnung mit Menschen aus anderen Branchen den entscheidenden Impuls setzt.

Zu meinen Netzwerkkontakten zählt beispielsweise die Künstlerin Theresa Hebenstreit. Sie hat in ihrer Aktion »1001 nackt«

1001 Figuren hergestellt, die Frauen verkörpern. Jede völlig individuell in Größe und Aussehen, alle zusammen aber eine faszinierende Einheit. Diese 1001 Figuren stellte Theresa Hebenstreit weltweit, unter anderem in China, aus und finanzierte die Reise der Figuren um die Welt durch Patenschaften. Jeder Käufer erhielt eine Option auf die Figur, die durch die Ausstellungen weiter an Wert gewinnen würde. Tatsächlich gelang es Theresa Hebenstreit, fast alle Figuren vorab zu verkaufen. Eine Idee, die mich faszinierte und von der sich lernen lässt: Ab und an wäre auch für uns Marketiers eine solch geschickte Vorfinanzierung nützlich.

Kick-off für Ihr persönliches Netzwerkprojekt

Wenn Sie nun motiviert sind, Ihr Netzwerk weiter auszubauen, bieten Ihre bereits bestehenden Kontakte zahlreiche Ansatzpunkte dazu. Am besten organisieren Sie Ihr persönliches Netzwerkprojekt genau so wie jedes berufliche Projekt. Sie planen es, Sie setzen die Maßnahmen um und dann kontrollieren Sie Ihren Erfolg. Wer hier kurzfristig und sporadisch agiert, wird sein Netzwerk nicht erweitern können. Erfolgreiches Netzwerken bedarf eines kontinuierlichen Engagements.

»Selbst wenn der Rahmen attraktiv ist, ist Netzwerken Arbeit und kostet Zeit.«
Brigitte Ettl, Wirtschaftscoach

Ein guter Ansatzpunkt sind zum Beispiel die Kontakte aus der Studienzeit, die sich in alle Winde, also in die verschiedensten Unternehmen, verstreut haben. Es lohnt sich, sie ausfindig zu machen. Dabei helfen die Alumni-Netzwerke der Universitäten. Dort lassen sich frühere Bekannte »ausgraben«. Vielleicht bietet außerdem die ein oder andere Organisation, der Sie in Studienzeiten angehört haben, die Möglichkeit, Kontakte aus- und aufzubauen, etwa die Studienstiftung oder die internationale Studentenorganisation AIESEC. Wenn Sie beispielsweise für deren Alumni-Veranstaltungen bisher nie die Zeit dafür fanden – nehmen Sie beim nächsten Mal teil. Lohnenswert ist es auch, im Kollegenkreis zu fragen, wer welche Netzwerke besucht, vielleicht wollen Sie sich ja anschließen. Einige Netzwerke setzen eine Empfehlung voraus. Beim *Kaufmanns-Casino München e. V.* beispielsweise brauchen Sie drei erstklassige Empfehlungen, um aufgenommen zu werden. Daher ist es besser, sich solche Ziele erst in Schritt zwei des Netzwerkprojektes zu setzen.

Das richtige Netzwerk finden

Netzwerke erleben einen Boom. Die Herausforderung besteht darin, das oder die richtigen Netzwerkorganisationen auszuwählen. Dazu müssen Sie – wie bei anderen Projekten auch – Ihre Ziele definieren:

- Was genau wollen Sie durch das Netzwerken erreichen? Geht es Ihnen eher um allgemeine Fragestellungen (Karriereentwicklung, die Suche nach einem passenden Coach, den Start in einer neuen Stadt etc.)? Oder um konkrete Sach- und Fachfragen?
- Möchten Sie »Ihr« Netzwerk auf internationale Beine stellen? (Es gibt eine Reihe von Business Clubs, die auf europäischer oder weltweiter Ebene tätig sind, sodass man auf die Organisation in den jeweiligen Ländern – zum Beispiel auch bei Businessreisen – zugehen kann.)
- Welche Form des Netzwerkens eignet sich am besten für Sie? Was passt am besten in Ihren Alltag? Visitenkartentauschparty, Fachveranstaltung, Netzwerkfrühstück, Kaminabende, Golfrunden oder Lunch?
- Wo fühlen Sie sich wohler? In einem kleinen oder einem großen Netzwerk?
- Wie viel Zeit Können Sie investieren?

Haben Sie die oben gestellten Fragen für sich geklärt, können Sie damit beginnen, die Netzwerkangebote zu sondieren. Wenn Sie Stichworte wie Business Club, Networking, Business

Networking sowie die gewünschte Stadt oder Region bei einer Suchmaschine eingeben, werden Sie für jeden größeren Ort eine Vielzahl von Treffern erhalten. Dann sollten Sie die Angebote mit dem eigenen Anforderungsprofil abzustimmen. Denken Sie auch an die Vielzahl von Online-Kontaktforen, in denen Sie möglicherweise ohnehin aktiv sind, sei es als Mitdiskutierender in einem Blog oder als Mitglied in Online-Netzwerken wie *Twitter Xing*, *LinkedIn* oder *Facebook*. Beziehen Sie auch deren Angebote in die Netzwerkauswahl mit ein.

Gelassen und geduldig bleiben

Wenn Sie Ihre gewünschten Wirkungskreise ausgewählt haben, können Sie den nächsten Schritt machen und die Netzwerk persönlich testen. Ich empfehle, jedes Netzwerke drei, vier Mal zu besuchen, um einen soliden Eindruck von Inhalt, Mitgliedern und Struktur zu erhalten. Auch wenn das Netzwerk auf den ersten Blick nicht bietet, was Sie sich erwartet haben, sollten Sie erneut hingehen. Denn der erste Netzwerkabend bringt selten den seit Langem gesuchten Geschäftspartner, das nächstbeste Lunch ist nicht zwangsläufig der passende Rahmen für ein angeregtes Gespräch und das erste von vielen Golfturnieren muss nicht unbedingt zu neuem Umsatz führen. Meines Erachtens gibt es nur einen Grund, ein Netzwerk frühzeitig auszusortieren: Umgebung oder andere Teilnehmer behagen Ihnen nicht. Es ist wichtig, dass Sie sich nach der ersten Überwindung und den ersten Gesprächen zunehmend wohlfühlen. Denn das ist die Voraussetzung für Ihren Netzwerkerfolg.

Anknüpfungspunkte für Kontakte bei Veranstaltungen ergeben sich meist wie von selbst. In der Regel findet ein Vortrag statt, über den sich diskutieren lässt. Meist ist der Referent nach seinem Vortrag umringt von anderen Teilnehmern. Stellen Sie sich einfach dazu, so kommen Sie automatisch mit den anderen ins Gespräch.

Schwieriger ist es, aus der Vielzahl der Kontakt die »richtigen« auszuwählen. Das funktioniert am besten intuitiv. Ihr Bauch »weiß« innerhalb der ersten zwei bis vier Sekunden, ob Ihnen Ihr Gegenüber sympathisch ist oder nicht, spannend oder langweilig. Handeln Sie nach Ihrem Gefühl – nicht anders, als Sie es im Privatleben tun.

Die Kür für Fortgeschrittene

Wer sich sicherer fühlt, kann mit der Kür beginnen. Sie besteht darin, beim Netzwerkabend von Tisch zu Tisch zu gehen und sich einen Überblick über die Teilnehmer zu verschaffen. Dabei bringt man sich in die Gespräche ein und stellt sich kurz vor, wenn sich die Gelegenheit dazu ergibt. Ebenfalls völlig legitim ist es, sich einfach dazuzustellen und zuzuhören. Wenn Sie ein Gespräch beenden möchten, brauchen Sie keine Skrupel haben, solange Sie kein Speed Dating daraus machen. Geben Sie Ihrem Gegenüber Raum und Zeit, wenn Sie aber den Eindruck gewinnen, für diesen Tag sei alles gesagt, dürfen Sie sich höflich verabschieden mit dem Hinweis darauf, dass Sie noch diese oder jene weitere Person sprechen möchten. Denn genau deshalb nehmen Sie ja teil. Die Stehtische – ein Muss für Netzwerkveranstaltungen, bei denen sich die Teilnehmer kennenlernen sollen – erleichtern Ihnen die Mobilität, die Sie brauchen. Denn wenn Sie stehen, wechseln Sie spontaner zum nächsten Tisch, als wenn Sie sich aus einem tiefen Loungesessel hochrappeln müssten. Auch wenn es erfolgreiche Businesspersönlichkeiten gewohnt sind, sich Ziele zu setzen: Bei einem Netzwerkabend empfiehlt es sich nicht, eine bestimmte Anzahl von Neukontakten anzustreben. Die meisten guten Gespräche ergeben sich unverhofft. Eine gewisse Gelassenheit bringt dabei viel mehr als die Fixierung auf ein Ziel.

Netzwerken ist mit regelmäßigem Aufwand verbunden. Dabei liegt die Betonung auf dem Wörtchen »regelmäßig«. Für die Teilnahme an einer Netzwerkveranstaltung empfehle ich, anfangs ein bis zwei Abende pro Woche zu investieren. Ich selbst nehme mittlerweile an drei bis vier Netzwerkevents monatlich teil, die ich durch persönliche Eins-zu-eins-Treffen ergänze. Wenn Sie in dieser Form regelmäßig aktiv sind, werden Sie im Lauf von ein bis zwei Jahren ein persönliches Netzwerk aufgebaut haben, das Sie beruflich und privat unterstützt. Sie wissen, wen Sie zu welchen Fragen kontaktieren können, egal, ob sie ein Finanzierungskonzept, eine Marketingidee oder eine Tauchschule am Schwarzen Meer suchen.

Zu guter Letzt: die Kosten

Jahrelang habe ich die Mitgliedsbeiträge meiner Netzwerkaktivitäten selbst gezahlt, weil ich dachte, dass das Netzwerken meine persönliche Angelegenheit sei. Heute sehe ich das anders: Mein Arbeitgeber profitiert genauso von meinen Kontakten wie ich selbst. Als Marketingchefin bringe ich – dank Netzwerk – neue Ideen, spannende Sprecher und die besten Dienstleister ins Haus.

So diskutieren wir in meinem Unternehmen Marktoptionen, die ich aus dem Netzwerk als Idee mitgenommen habe. Zudem entwickelten wir ein Informationsforum für Kunden und Mitarbeiter, das ich von einem Netzwerkkontakt übernahm, die »Marketing Lectures«. Ich wollte neue Trends in Serie ins Unternehmen bringen, um meine Mitarbeiter zu informieren und für neue Ideen zu motivieren. Dieses Vorhaben diskutierte ich im Netzwerk mit einer PR-Expertin, die vorschlug, dies als regelmäßige Vortragsveranstaltung zu organisieren und zu vermarkten. Nun führen wir diese Reihe bereits seit drei Jahren durch und mittlerweile ist sie so populär, dass nicht nur Mitarbeiter, sondern auch Kunden, Partner, Agenturen, Journalisten und Analysten teilnehmen. Das überzeugte meinen Arbeitgeber, der heute einen Teil meiner Netzwerkkosten trägt. Für die Netzwerkaktivitäten meiner Mitarbeiter habe ich ein Budget bereitgestellt.

»Am Ende kommt es auch darauf an, mit Menschen zusammenzutreffen. Persönliche Kontakte sind eigentlich unbezahlbar.«
HASSO PLATTNER, SAP AG

»Die Qualität der zwischenmenschlichen Beziehungen im Betrieb und in der Gesellschaft wird zum entscheidenden Kriterium für Wettbewerbsfähigkeit.«
Leo A. Nefodiow
Zukunftsforscher

Parallel zum Netzwerkboom beobachte ich allgemein eine erhöhte Wertschätzung von Netzwerkaktivitäten seitens der Unternehmen. Mehr denn je wissen die Chefs, dass es für Vertriebsmitarbeiter unabdingbar ist, sich im Kundenumfeld präsent zu bewegen. Ob Messe, Fachkongress oder Inhouse-Event: Sie sind für den Vertriebskollegen ein Muss. Und was das Marketing anbetrifft, wird es gern gesehen, wenn der Marketier im Kontakt mit Kollegen anderer Unternehmen steht.

Zehn Tipps für erfolgreiches Netzwerken:

- Seien Sie sich bewusst, dass Sie Zeit investieren müssen und dies regelmäßig. Das Gute dabei: So kommen und bleiben Sie in Übung. Und wenn Sie eine Netzwerkorganisation wiederholt besuchen, werden andere Teilnehmer ganz von selbst auf Sie zukommen.
- Seien Sie offen und tolerant.
- Trainieren Sie, auf fremde Menschen zuzugehen. Denken Sie daran, dass sich Ihr Gegenüber ebenfalls überwinden muss.
- Knüpfen Sie Kontakte zu Menschen aus völlig anderen Branchen und Fachgebieten – aus diesen Verbindungen entstehen oft die besten Ideen.
- Fragen Sie Kollegen und andere Geschäftskontakte, ob Sie sie zu einer etablierten Veranstaltung begleiten dürfen. Mit Sicherheit können Sie sich irgendwann einmal revanchieren.
- Setzen Sie sich Ziele. Zu Beginn empfiehlt es sich, zwei bis drei Netzwerke zu testen: Wo fühlen Sie sich wohl? Wo nicht?
- Hören Sie aktiv zu. Fragen Sie nach und überlegen Sie, wie Sie Ihrem Gegenüber weiterhelfen können.
- Seien Sie geduldig. Denn oft erkennt man den Wert eines Kontaktes nicht auf Anhieb.
- Wenn Sie etwas bekommen, geben Sie etwas zurück. Denn Netzwerken basiert auf Win-Win.
- Engagieren Sie sich aktiv im Netzwerk, indem Sie Vorträge halten, neue Themen einbringen oder eine sportliche Aktivität initiieren. Denn so werden Sie schnell bekannt und in das Netzwerk integriert.

Vier absolute Netzwerk-Don'ts

- Akquirieren oder Produkte präsentieren ist beim Erstkontakt tabu. Das degradiert die Netzwerkveranstaltung zum Verkaufsevent.
- Quälen Sie sich nicht zu Veranstaltungen, die Ihnen keine Freude machen. Das ist pure Zeitverschwendung.
- Halten Sie nicht an Kontakten fest, bei denen es nicht »funkt«. Auch wenn das Thema oder die Position des Kontaktes für Sie noch so wichtig ist: Wenn der persönliche Draht fehlt, wird es anstrengend. Und das soll es nicht sein.
- Kurze, oberflächige Gespräche führen und dann gleich zum Nächsten – das mag beim Speed Dating gehen, beim Netzwerken ist es ist schlicht und einfach unhöflich.

»Wichtige Menschen haben wichtige Kontakte«

Von Monika Scheddin

Mittlerweile dürfte jeder verstanden haben, dass Networking zum Geschäftserfolg gehört.

Angestellte können mit originellen Ideen punkten, wenn sie branchenübergreifend netzwerken und sie erleben, dass sie einen ungeheuren Wettbewerbsvorteil genießen, wenn sie etwa beim Jobwechsel wertvolle Kontakte mitbringen. Dazu jedoch reichen die Mitgliedschaft bei den Wirtschaftsjunioren, dem Marketingclub oder mehrere Hundert Xing-Kontakte allein nicht aus, wenngleich sie zumindest zeigen, dass durchaus ein guter Wille besteht.

In Sachen Netzwerken eher zurückhaltend sind Angestellte: Maximal 20 Prozent von ihnen netzwerken außerhalb ihres Unternehmens und ihrer Branche. Dass 80 Prozent der Freiberufler und Selbstständigen bekennende Netzwerker sind, liegt auf der Hand. Sie sind darauf angewiesen, Kunden und Lieferanten zu finden, benötigen zündende Ideen vorzugsweise früher als die Konkurrenz und profitieren vom Austausch und vom Benchmarking.

Wie findet man denn nun genau die Kontakte und Netzwerkpartner, die einen weiterbringen? Vier Scheddin'sche Faustformeln verrate ich Ihnen an dieser Stelle:

- Netzwerke immer auf gleicher Ebene oder höher. Finden Sie heraus, wo sich die Menschen tummeln, die schon da sind, wo Sie gerne hinmöchten. Nehmen Sie Kontakt mit diesen Menschen auf und finden Sie heraus, was deren Erfolgskonzepte sind. Lernen Sie von ihnen und vermeiden Sie deren Fehler. Auch wenn dies menschlich befremdlich erscheint: Beim Aufbau Ihrer Karriere wollen Sie Ziele erreichen und keine Sozialarbeit leisten. Soziales sollte man privat tun. Also netzwerken Sie nicht nach unten, also mit Menschen, die noch da sind, wo Sie einmal waren. Es sei denn, sie gehören zur Zielgruppe. Oder Sie beteiligen sich an einem Mentoring-Projekt, bei dem ganz offiziell Nachwuchsförderung betrieben wird. Aber selbst dort können Sie die erste Faustformel bedienen, indem Sie die Kontakte zu den Mentoring-Kollegen pflegen.

- Eine Beziehung braucht durchschnittlich zwei Jahre und sieben Kontakte, bis die Ernte reif ist. Viele Menschen denken, es reiche aus, dass sie einmal auf einen Entscheider treffen, um ihm ad hoc ihr Produkt oder ihre Dienstleistung anzupreisen. »Ich hasse es, als Beutetier gejagt zu werden. Echtes Interesse an meiner Person dagegen spüre ich sofort!«, bestätigte mir jüngst ein Entscheider eines Dax-30-Konzerns. Also entwickeln Sie echtes Interesse, kalkulieren Sie entsprechend Zeit ein und verhalten sich im besten Sinne menschlich.

- Knüpfen Sie pro Woche mindestens einen neuen Kontakt und pflegen Sie einen bestehenden. Vermutlich schnaufen Sie innerlich gerade durch und zählen flugs je 52. Und das sieht nach richtig viel Arbeit aus. Nun: Netzwerken *ist* Arbeit. Sie benötigen eine kritische Menge an Kontakten, aus denen Sie die wirklich interessanten herausfischen können. Von durchschnittlich 52 Kontakten pro Jahr bleiben Ihnen – wenn Sie einen guten Job gemacht haben – zehn Prozent erhalten. Das sind gerade mal fünf Personen pro Jahr. Und die kommen in Ihren Fundus für echte Qualitätskontakte.

- Wichtige Menschen haben wichtige Kontakte. Das

ist eine Faustformel, die Ihnen viel Arbeit ersparen kann. Profiteure, die sich nur bedienen, verlässlich erscheinen, wenn sie etwas umsonst bekommen, und auch nach Jahren nichts zurückgeben, scharen in der Regel ebensolche Menschen um sich. Umgeben Sie sich lieber mit Menschen, auf die Sie sich verlassen können und die für Sie da sind, denn die haben Kontakte auf gleichem Niveau.

Um in einer Sache so gut zu sein, dass man als Experte gilt, muss man etwa 10.000 Stunden in die Sache investieren. Macht, in Jahren ausgedrückt, ungefähr zehn. Das gilt für Unternehmer erfahrungsgemäß genauso wie für Netzwerker. Angenommen Sie wollten Networkingexperte werden, müssten Sie circa 20 Stunden die Woche netzwerken, was sehr übertrieben scheint. Übertrieben?

Woche a:	
2 Stunden:	wöchentliches Golftraining mit Kunden (inklusive Drink)
6 Stunden:	Vortrag inklusive Frühstück mit VIP-Gästen am nächsten Tag
10 Stunden:	eigene Fortbildung
2 Stunden:	Lehrauftrag Networking
Woche b:	
3 Tage:	Kundenreise Törggelen in Südtirol
Woche c:	
4 Stunden:	Business-Club-Treffen
4 Stunde:	Kundenevent
2 Stunden:	Telefonate
3 Stunden:	Newletter verschicken + Follow-up
2 Sunden:	Blogbeiträge verfassen
2 Stunden:	*Twitter*-News verfassen
3 Stunden:	Abendessen mit Kunden

Netzwerkverlauf

2 Jahre Networking	**Grundstock bilden** Plattformen identifizieren, Mitgliedschaft in einem Branchennetzwerk und einem branchenübergreifenden Netzwerk
5 Jahre Networking	**Marke** Sie haben sich in Ihren Netzwerken einen Namen gemacht und zudem ein eigenes Netzwerk gegründet
10 Jahre Networking	**Quality Networking** Sie bewegen sich im Premiumbereich und werden in exklusive private Kreise geladen. Sie verbinden Ihre eigenen Netzwerkaktivitäten mit persönlichen Interessen (zum Beispiel einer Bergtour oder einem Golfevent).
30 Jahre Networking	**Erntezeit** Sie sind Mr. oder Mrs. Networking. Akquise haben Sie nicht mehr nötig. Sie sitzen an entscheidenden Hebeln, haben spannende Aufsichtsratsmandate und verdienen letztendlich mit Netzwerken Geld.

© Monika Scheddin 2010

In den letzten paar Jahren sind uns allen Herbert Seckler (»Sansibar«) und Thomas Sabo (Schmuck) bekannt geworden. Plötzlich erscheinen sie in der Wirtschafts- und Promi-Szene. Plötzlich? Mitnichten! Beide sind seit 30 Jahren im Geschäft. So lange dauert es, bis man einen Markt durchdringt und für jedermann ein Begriff ist.

Herbert Seckler hat mit einer Imbissstube am Strand von Sylt begonnen und beherbergt in seinem feinen Strandlokal heute alles, was Rang und Namen hat. Richtig Geld macht er allerdings mit Lifestyle-Textilien und, man glaubt es kaum, mit Tierbekleidung, die unter seinem Label verkauft werden. Produziert er sie selbst? Natürlich nicht. Herbert Seckler vergibt Lizenzen für Produkte, die ihm gefallen. Er verdient also Geld mit Netzwerken. Und völlig zu Recht. Er lässt sich seinen Einsatz, seine Ideen und vor allem sein Durchhaltevermögen vergolden. Als erfolgreicher Unternehmer hat er seine Anziehungskraft so erhöht, dass andere Unternehmen ihre Produkte gerne unter dem berühmten Label »Sansibar« verkaufen möchten.

Als ich Herbert Seckler 2009 im Rahmen eines Round Tables des Medienetzwerkes »Nettwerk« einmal persönlich kennenlernen konnte, haben mich zwei Dinge besonders beeindruckt:

- Er leistet sich Schrullen: Weil Herbert Seckler keine Lust zu reisen hat, tut er es auch nicht. Selbst für ein hochkarätiges Fernsehinterview mit absehbarer PR-Wirkung nicht.
- Er ist großzügig und sein Wort gilt. Wenn er einer Fragerunde zustimmt, dann hält er sich auch daran. Und für seinen Auftritt bei *Woman's* gab es neben ganz viel Zeit und Aufmerksamkeit zudem eine Runde Champagner.

Großzügigkeit und Wiedererkennungswert (gleich Schrullen) sind typische Kennzeichen erfolgreicher Netzwerker. Großzügigkeit heißt, anderen etwas zurückzugeben (ihnen etwas abzukaufen, ein Geschäft zu vermitteln oder sie weiterzuempfehlen), sobald ich die Gelegenheit dazu habe. Und es heißt auch, ein guter Gastgeber zu sein (persönlich oder virtuell). Schrullen machen interessant und uneinschätzbar. Herbert Seckler wird niemals Gefahr laufen, sich dem Mainstream zu verpflichten und überpräsent zu sein.

Mythos Win-Win

Wenn ich Ihnen empfehle, Sie sollten sich bei Ihrer Netzwerkpflege »nach oben« orientieren, stellt sich umgekehrt die Frage: Was haben dann die Menschen, die Sie treffen wollen, davon, sich mit Ihnen zu treffen? Erst einmal nichts. Also liegt es an Ihnen, ein Treffen schmackhaft zu machen: ehrliches Lob und Anerkennung, Hinweis auf die von Ihnen geschriebene positive (!) Amazon-Rezension des Buches, die Einladung (wörtlich gemeint) in ein originelles Restaurant in der Nähe des Wunschkontaktes. Oder Sie laden Ihre Wunschkontakte als Tischgast in eine handverlesene Runde ein. Dies spricht die meisten Menschen an, wie wir mit der Quality-Networking-Plattform »Gute-Leute-Mittagstisch« regelmäßig erfahren.

Niemand tut etwas ohne Grund. Eine Gegenleistung wird immer gewünscht. Wenn auch »nur« in Form von positiver Beachtung.

Häufig ist der Verweis auf Win-Win aber auch nur eine Ausrede für »Gegenleistung ist bei mir nicht drin«. Sich bei Menschen mit einem netten Geschenk, mit einem Blumenstrauß, mit einer originellen Einladung oder auch mit einer wohlverdienten Provision zu bedanken, wenn sie Kunden empfohlen haben, ist auch Networking. Diese Empfehlenden haben ja gewissermaßen Ihren Job gemacht und da ist eine Beteiligung Pflicht und Freude zugleich.

Der wunderbare Zukunftsmanager Pero Micic schrieb in seinem Vorwort für mein Networkingbuch: »Netzwerken heißt vor allem, mit sympathischen und interessanten Menschen Zukunft zu schaffen.« Das ist für mich eine richtig gute Networking-Definition, denn Produkte und Dienstleistungen sind austauschbar, nicht aber die Menschen.

Netzwerken ist absichtslose Absicht. Netzwerker sind keine Menschen mit Langeweile. Selbstverständlich verfolgen sie ein Ziel. Erfolgreich sind sie genau dann, wenn sie dieses Ziel für einen Moment vergessen, sich dennoch inmitten ihrer Zielgruppe tummeln und genau deshalb gewinnen, weil sie sich mit Respekt und Wertschätzung für Menschen und ihre Themen interessieren.

Kooperationen mit anderen Unternehmen
Der Vorteil geschäftlicher Partnerschaften

Wahrscheinlich haben Sie es längst erkannt: Ich bin überzeugte Verfechterin des beruflichen Austauschs und des kooperativen Miteinanders. Deshalb ist es nur konsequent, dass ich auch eine große Anhängerin geschäftlicher Kooperationen bin – egal, in welcher Form und auf welcher Ebene. Denn was liegt näher, als sich zusammenzutun, wenn man dieselben oder ähnliche Ziele verfolgt? Etwa wenn die eigene Hardware sich mit der Softwarelösung eines anderen Unternehmens optimal ergänzt und man ohnehin dieselbe Zielgruppe anspricht. Oder wenn Automobilhersteller und Lieferant gemeinsam Teile entwickeln, weil beide ein optimales Auto wollen. Oder das Star Alliance-Konzept der Lufthansa. Alleine kann die Lufthansa die Strecken unter der Star Alliance-Flagge nicht abdecken. Ergo suchte sich das Unternehmen Partner, um das Portfolio zu erweitern, auch um zum Beispiel Wochenendepakete mit dem Bundle Flug-Auto-Hotel anbieten zu können.

In besonderem Maße setzt die IT-Branche auf Partnerschaften. Fast jedes Unternehmen kooperiert in irgendeiner Form mit anderen: Gemeinsam führen sie Marketingaktionen durch, laden zu Veranstaltungen ein oder beteiligen sich wechselseitig als Silber-, Gold- oder Platinsponsor an den Hausmessen und Events der Partner.

> »Zusammenkommen ist ein Beginn, Zusammenbleiben ein Fortschritt, Zusammenarbeiten ein Erfolg.«
> Henry Ford

Da alle wissen, dass gemeinsam mehr erreicht werden kann als allein, gibt es mittlerweile für fast jeden Zweck die passende Form der Partnerschaft.

Ziel einer geschäftlichen Partnerschaft kann es beispielsweise sein, einen neuen Markt gemeinsam zu erschließen. Der Vorteil dabei ist, dass es zusammen schneller geht und der Aufwand für jeden der Beteiligten geringer ist. Stimmen zwei

Unternehmen ihre Produkte optimal aufeinander ab, werden sie für den Kunden als Paket besonders interessant. Und die gemeinsame Durchführung eines Marketingevents kann zu der doppelten Besucherzahl führen.

Wie beim Netzwerken basiert auch eine Kooperation darauf, dass Geben und Nehmen ausgeglichen sind. Ein seriöser und erfolgreicher Softwarehersteller braucht einen Vertriebspartner, der solide arbeitet und fachlich kompetent ist. Und umgekehrt: Ein erfolgreicher Vertriebspartner mit einer guten Kundenbasis wird keine Software verkaufen, die mehr verspricht, als sie leisten kann.

Die Kooperation dient dazu, die eigene Leistungsfähigkeit zu ergänzen. Dazu gehört, dass jede Seite präzise darlegt, welche Leistung sie einbringen wird – und diese dann auch zuverlässig liefert. Die Einhaltung der Vereinbarung kann als »Ehrensache« betrachtet werden oder aber per Vertrag verbindlich geregelt sein. Eine Vertragspflicht gibt es nicht.

Die Zusammenarbeit kann sich auf Projekte verschiedenster Größen und Inhalte beziehen. Denkbar sind gemeinsame Projekte bei einem Kunden ebenso wie eine gemeinsame Marketingaktion. Letztere kann sich zu einem selbstverständlichen Teil des Tagesgeschäfts entwickeln oder aber ein einzelnes, herausragendes Projekt sein.

Beispielhaft für das Zusammenwirken von vier starken Partnern ist die IT-Vision-2020-Tour, von der im Folgenden die Rede sein wird. Das gesamte Projekt – Besuch bei Bill Gates inklusive – hätte kein Beteiligter allein stemmen können.

Termin bei Bill Gates – Chronologie eines Partnercoups

Geschäftliche Kooperationen können die Plattform für die Realisation außergewöhnlicher Projekte sein. Denn manche Vorhaben erfordern neben einem großen Budget gleich mehrere große Namen, sprich: die Demonstration geballter Reputation. Etwa, wenn Sie 25 CIOs führender europäischer Unternehmen auf eine einwöchige IT-Vision-Tour in die USA einladen – und zu guter Letzt mit Bill Gates an einen runden Tisch bringen wollen. Das schaffen Sie in der Regel nicht allein. Dazu braucht es Partner. Bei diesem Projekt waren es vier: mein damaliger Arbeitgeber, ein Hersteller von Software für das Customer Relationship Management sowie drei weitere führende Software-Unternehmen, mit denen auf vertrieblicher Ebene bereits Kooperationen bestanden. Die gemeinsamen Executive-Kontakte nutzten wir allerdings noch nicht.

Allen, die an der Projektentwicklung beteiligt waren, war klar: Nur wenn wir den Top-Entscheidern etwas Einzigartiges bieten, etwas, woraus sie echten Mehrwert für ihren Aufgabenbereich ziehen, nur dann werden sie uns ihre Zeit und ihre Aufmerksamkeit schenken.

Welchen Mehrwert also sucht ein IT-Vorstand oder ein CIO? Es liegt auf der Hand: Er will alles über künftige Trends und zu erwartende Technologien wissen.

»Ich denke viel an die Zukunft, weil das der Ort ist, wo ich den Rest meines Lebens zubringen werde.«
WOODY ALLEN

Der IT-Chef in einem Großunternehmen hat in der Regel ein Jahresbudget im sieben- bis achtstelligen Bereich zu verwalten. Da ist es für ihn essenziell zu wissen, wie er dieses Geld möglichst gewinnbringend – und zukunftsweisend – investieren kann.

Das war der Grundgedanke für unser Megaprojekt. Daraus entwickelten wir die Idee, eine C-Level-Plattform zu schaffen, in deren Rahmen man die Zukunft der IT-Branche diskutiert. Die Plattform sollte so unverschämt attraktiv sein, dass alle CIOs unbedingt daran teilnehmen wollen würden. Fast logisch folgte daraus die Entscheidung für die passende Location: Welcher Ort hätte geeigneter sein können als das Silicon Valley in Kalifornien, das Epizentrum aller IT-Innovationen? Schnell stand damit das »Wo« fest. Wie lange das Event dauern sollte, hatten wir auch umgehend geklärt: Der passende Zeitrahmen schien eine

Woche zu sein. Wir wollten also einladen zu einer einwöchigen IT-Vision-2020-Tour.

Auch beim »Wer« waren wir uns schnell einig: 25 europäische IT-Chefs großer Unternehmen standen auf unserer Teilnehmerwunschliste. Offen war *nur* noch die Frage nach dem passenden Highlight. Ein Top-Level-IT-Mann beteiligt sich an einem solchen Event nur dann, wenn er erstens Netzwerkmöglichkeit auf gleicher Ebene und zweitens eine besondere Attraktion geboten bekommt. Beides wollten wir möglich machen.

Die Teilnehmer der Tour sollten die Unternehmen der Veranstalter (also unseres und das unserer drei Partner) für je einen Tag besuchen und sich dort ausschließlich mit deren C-Levels über die jeweilige unternehmerische Vision für die kommenden 15 Jahre austauschen. Das war selbst für IT-Executives eine interessante Option, denn eine Reise mit derart vielen hochkarätigen Kontakten konnte selbst der IT-Chef eines großen deutschen Autoherstellers alleine nicht ohne Weiteres auf die Beine stellen. Das Konzept versprach also echten Mehrwert für unsere Ansprechpartner und war nur deswegen machbar geworden, weil wir Kräfte gebündelt und strategische Partnerschaften geschlossen hatten. Indem jedes der vier Partnerunternehmen sämtliche seiner Kontakte »anzapfte«, brachten wir nicht nur die IT-Chefs von 25 Topunternehmen zusammen, sondern auch die US-Executives der weltweit führenden Softwarehäuser. Das Resultat: Auch Bill Gates wollte mit uns sprechen – und das nicht nur, weil Microsoft als Partner mit von der Partie war, sondern weil wir ihm ein konzertiertes Top-Level-Event in Aussicht stellen konnten.

Der Microsoft-Gründer lud die 25 teilnehmenden CIOs – Vertreter der jeweils führenden Unternehmen im Bereich Telekommunikation, Automotive, Finanzen, Handel, Lebensmittelindustrie und industrielle Fertigungen – zu einem Treffen ein.

Und wie beinahe nicht anders zu erwarten, war der Termin mit Bill Gates der Höhepunkt der Reise. Gates, ein zurückhaltender Mann, der erst auf der Bühne seine volle Strahlkraft gewinnt, stellte die Visionen seines Unternehmens für das nächste Jahrzehnt vor. Mehr als drei Stunden nahm er sich Zeit, begeistert von der Tiefe des Diskussionsniveaus. Zum Abschied erhielt jeder Teilnehmer ein persönliches Foto mit ihm, Widmung inklusive.

Anlass zur Freude hatten auch wir, die Marketiers und Veranstalter der Reise. Das Projekt »C-Level-Plattform« war ein voller Erfolg. Dank der Vorträge und Diskussionen gewannen die Teilnehmer Einblicke in die Visionen der Unternehmen und damit auch mehr Sicherheit für ihre Investitionsentscheidungen. Noch heute werden die auf dieser Reise geschlossenen Kontakte über Ländergrenzen hinweg gepflegt. Eine Nachhaltigkeit, die darauf beruht, dass die Tour die Gelegenheit bot, tiefer gehende Beziehungen zu knüpfen.

Für den größten Aufwand im Vorfeld sorgten nicht die organisatorischen Vorbereitungen der Reise, sondern die Verhandlungen über die Verträge. In ihnen wurde jedes Detail exakt festgelegt: der Sponsorenbetrag eines jeden einzelnen Partners, die benannten Executive-Sprecher der Partner und deren exaktes Engagement und Commitment.

Zudem war jeder Partner gefragt, eine bestimmte Anzahl an Executive-Kontakten auf seiner Kundenseite zu akquirieren, und hatte dann nach einem festgelegten Schlüssel später auch das »Vorrecht« auf die »Weiterbearbeitung« dieses Leads. Im ersten Durchgang erschien uns all das zunächst sehr akribisch und detailversessen. Wenn man sich aber vor Augen hält, dass ein Kontakt unter Umständen Umsatzchancen im sechsstelligen Bereich entsprach, dann war es fair und sinnvoll, im Vorfeld genau zu überlegen, wie damit umzugehen ist.

Kooperationsmodelle

Es muss nicht gleich eine Bill-Gates-Tour sein: Kooperationen sind immer sinnvoll, auch dann, wenn es um das Tagesgeschäft oder um kleinere Projekte geht. Hier eine Auswahl möglicher Modelle:

Solution-Partnerschaft

Darunter versteht man eine Partnerschaft, in der ein Unternehmen das Produkt einbringt und ein zweites die Anpassung des Produkts an die Gegebenheiten beim Kunden entsprechend integriert. Bekanntes Beispiel: SAP. Die SAP-Lösungen werden bei den Unternehmen vor Ort nicht allein von SAP-Mitarbeitern implementiert. Stattdessen gibt es viele größere und kleinere Beratungshäuser, die die Implementierung begleiten. Nicht selten sind Projekte dieser Art mittel- bis langfristige Aufgabenstellungen, das heißt, auch zwischen den Partnern besteht eine langfristig ausgerichtete Kooperation.

Für das Marketing bedeutet dies, dass man die Aktionen beider Seiten bündeln kann. So kommt ein größeres Budget zusammen und der Markt kann gezielter und effizienter angesprochen werden.

Ein Beispiel: Softwarehersteller und sein Implementierungspartner laden Zielkunden gemeinsam zu einer Informationsveranstaltung ein. Der Softwarehersteller berichtet über das Produkt, der Partner über ein kürzlich durchgeführtes Projekt. Für die Besucher ist die Veranstaltung besonders interessant, weil sie die Software in der Praxis kennenlernen. Der Hersteller informiert ausführlich über das Produkt, der Partner ergänzt das Praxisbeispiel. Alles in allem ein rundes Informationspaket, das Interesse weckt.

Nicht nur das. Für den Hersteller und das Partnerunternehmen ist die Kooperation attraktiv, weil man miteinander einlädt. Dadurch halbieren sich die Kosten, es entsteht eine größere zu nutzende Datenausgangsbasis und im Endeffekt mehr Profit.

Channel-Partnerschaft / Vertriebspartnerschaft

Eine Channel-Partnerschaft hat das Ziel, größere Stückzahlen an Produkten auf dem Markt zu positionieren. Für eine solche Partnerschaft bieten die meisten Hersteller durchkomponierte Programme an, inklusive Zertifizierung, Einstufung nach Partnerklassen und Bonussystemen. Folgende klassische Arbeitsteilung gilt bei dieser Art der Kooperation: Der Hersteller kümmert sich um den Markenaufbau, während sich der Channel-Partner um die lokalen Märkte bemüht, wofür er in der Regel entsprechende Marketingkooperationsgelder erhält.

Strategische Partnerschaft

Damit ist eine langfristig ausgerichtete Kooperation gemeint, bei der beide Partner sogar gemeinsam Lösungen entwickeln können. Eine solche Partnerschaft wird beispielsweise im Rahmen von Großprojekten abgeschlossen. Nicht selten kommt es vor, dass der Kunde die Partner benennt. Kommt im Rahmen der Kooperation auch das Marketing zum Tragen, plant man meist ein sogenanntes »Named Account Marketing«, das heißt, es wird für diesen Großkunden ein spezifischer Marketingplan erstellt. Dabei entwickelt man gemeinsam mit dem Vertrieb einen strategischen Plan für den speziellen Account. Dies kann eine E-Mail-Kampagne an die im Account bestehenden Kontakte sein, mit der zu einem eSeminar und später zu einem Live-Event eingeladen wird. Dabei ist alles – die E-Mail, das Seminar und das Live-Event – gezielt auf diesen einen Kunden ausgerichtet. Der Vorteil liegt auf der Hand: So lassen sich exakt die Themen dieses Kunden adressieren.

Häufig bestehen zwischen Unternehmen auch weltweite strategische Partnerschaften, die auf die lokalen Märkte zu übertragen sind. Sobald Vertrieb und Marketing erste Zielmärkte und/oder Zielaccounts definiert haben, ist es Aufgabe des Marketings, auf beiden Seiten das entsprechende Go-to-Market-Paket zu schnüren.

Hier ist ein planvolles Vorgehen erforderlich. Etwa wenn man einen bestimmten Zielmarkt gemeinsam bearbeiten möchte. Wie jedes Großprojekt beginnt man mit der Analyse: Wo steht man, wer hat bereits welche Marktpenetration erreicht und wie sehen die Milestones aus? Auf dieser Basis erarbeitet man den strategischen Marketingplan, bei dem es natürlich um ein längeres »Commitment« geht.

Taktische Partnerschaft

Diese Partnerschaften sind darauf ausgelegt, in kurzer Zeit mittels einer Kampagne Umsätze im Niedrigpreissegment anzukurbeln. Dafür sucht man sich bestehende Partnerschaften, die genau an diesem einen Deal für den Moment Interesse haben könnten.

Hier geht es darum, kurzfristig Marketingprogramme für den Partner zu entwickeln, die ohne viel Aufwand von ihm adaptierbar sind. Von der vorgefertigten E-Mail-Kampagne über die leicht zu übernehmende Kampagnenwebsite bis hin zur bereits stehenden Weihnachtsaktion mit Displays für die Ladengeschäfte etc. ist hier vieles denkbar. Ziel ist stets, den Partner schnell von einer zusätzlichen Marketingaktion zu überzeugen und ihm das möglichst erfolgreiche Ergebnis im Vorfeld präsentieren zu können. Diese Aktionen sind auch hin und wieder nötig, um kurz vor Jahres- oder Quartalsende noch entsprechend fehlende Umsatzzahlen noch nach oben korrigieren zu können.

Auf Partnersuche

Was sich bei der privaten Partnersuche im Internet längst etabliert hat – das Erstellen eines Suchprofils –, ist auch im geschäftlichen Bereich Pflicht. Ohne ein präzises Anforderungsprofil geht es nicht. Denn welche Form der Partnerschaft ein Unternehmen auch sucht, es muss seine Anforderungen definieren und artikulieren können.

Bei der Entscheidung über eine Partnerschaft sollte man nicht anders vorgehen als bei der Entscheidung über neue Mitarbeiter. Sie will wohlüberlegt sein und sollte nicht im Alleingang einer Abteilung erfolgen, sondern eine unternehmerische Gesamtentscheidung sein. Denn damit Partnerschaft funktioniert, müssen alle Abteilungen zusammenarbeiten. Ansonsten sind Konflikte vorprogrammiert.

Ich erinnere mich an den Messeauftritt eines früheren Arbeitgebers mit einem Implementierungspartner. Von Marketingseite war alles klar: Wir hatten gemeinsame Konzepte für die Kundenansprache entwickelt und erfolgreich eine Reihe von Maßnahmen umgesetzt, um Kunden an den Stand zu bringen. Alles klappte wunderbar. Am Messestand herrschte dichtes Gedränge, die Vertriebskollegen konnten gar nicht so viele Gespräche führen, wie es Interessenten gab. Doch statt am ersten Messeabend zufrieden den gemeinsamen Erfolg zu feiern, kam es zwischen den Vertriebsteams zum Streit um die »Leads«, sprich: um die Kontaktdaten der Zielkunden. Der Anlass: Die Vertriebsmitarbeiter unseres Partners verdächtigten einen Vertriebskollegen, dass er Kontaktdaten unterschlage, also in der eigenen Tasche behalte, weil er diese nicht an die zentrale Sammelstelle weitergegeben hatte. Ein wirklich ungeheuerlicher Verdacht. Diesem Vertriebskollegen, einem unserer besten, lag nichts ferner als das. Er war ein hoch engagierter Mann, der als Ansprechpartner am Stand gefragter war als alle anderen. Im Stress hatte ihm schlicht die Zeit gefehlt, die Kontaktdaten seiner Gesprächspartner an die zentrale Sammelstelle weiterzugeben.

Im Nachhinein denke ich, dass das eigentliche Problem darin bestand, dass die Vertriebsteams einander nicht oder kaum kannten. Hätten sie sich im Vorfeld der Messe abgestimmt und ausgetauscht, wäre der Streit erst gar nicht entstanden, sondern die Vertrauensbasis da gewesen, auf der man solche organisatorischen Probleme hätte lösen können.

Mit viel Mühe konnten wir ihn diesem Fall den Partner schließlich davon überzeugen, dass Zeitmangel und nicht böse Absicht das Problem verursacht hatte. Ende gut, alles gut: Ein paar Jahre später warb das Partnerunternehmen eben diesen Mitarbeiter ab, den man so unschön beschuldigt hatte.

Das Beispiel zeigt: Eine solide Partnerschaft darf nicht das Ergebnis einer singulären Marketing- oder Vertriebsentscheidung sein, sondern muss immer auch von der Leitungsebene abgesegnet werden. Auf welcher Managementebene genau die Entscheidung erfolgen sollte, hängt ganz davon ab, welche Qualität und welche zeitliche Perspektive der Partnerschaft beigemessen werden soll. Dabei gilt: Je strategischer und langfristiger die Partnerschaft angelegt ist, desto höher muss das Level sein, auf dem die Entscheidung fällt. Aber auch wenn die Entscheidung letztlich auf Geschäftsleitungs- und Managementebene getroffen wird – auf beiden Seiten muss sie von allen Abteilungen mit betroffenen Mitarbeitern, also von »unten«, mitgetragen werden. Daher ist es wichtig, Marketing- sowie Partner- und Vertriebsmanager frühzeitig in die Gespräche einzubinden. Denn sie müssen einen wichtigen Beitrag zur Umsetzung der Kooperation im Tagesgeschäft leisten. Je nach Größe der ersten Projekte verhandelt man von Anfang an ausgefeilte Verträge. Alternativ führt man zunächst einige Pilotprojekte durch, um die Zusammenarbeit dann zu einem späteren Zeitpunkt vertraglich zu fixieren.

Acht Tipps für Ihre Partnersuche:

- Definieren Sie möglichst präzise, was Sie von einer Partnerschaft erwarten. Wollen Sie mehr Umsatz, Ihr Vertriebsnetz verbreitern, neue Märkte erschließen, Kontakte zu neuen Kunden knüpfen?

- Definieren Sie, ab wann diese Partnerschaft für Sie als Erfolg zu werten ist: Steigerung des Umsatzes in Prozent, Wachstum in neuen Märkten, prozentualer Zuwachs des Marketingbudgets durch gemeinsame Marketingmaßnahmen etc.
- Suchen Sie bei bereits bestehenden Partnern nach neuen gemeinsamen Möglichkeiten. Gibt es etwa unter den Vertriebspartnern Unternehmen, mit denen Sie neue Zielmärkte abdecken könnten?
- Falls nicht, welche neuen Partner sind von Interesse?
- Achten Sie darauf, dass ein neuer Partner in Ihr »Portfolio« passt: Gibt es eventuell eine Wettbewerbssituation zwischen möglichen neuen Partnern und langjährigen Geschäftspartnern?
- Erarbeiten Sie mit Ihrem neuen Partner einen Businessplan: Definieren Sie gemeinsam, wie viel Zuwachs oder Nutzen auf beiden Seiten möglich und realistisch ist. Definieren Sie aber auch den Aufwand, der dafür auf beiden Seiten entsteht.
- Sprechen Sie mit anderen Partnern Ihres möglichen Partners, um zu verstehen, wie dieser im Alltag agiert.
- Feiern Sie miteinander gemeinsame Erfolge. Das stärkt die Partnerschaft – und ist eine schöne Gelegenheit, gleich die nächsten Projekte anzudenken.

Klare Worte, klare Regeln

Um die gemeinsame Basis zu schaffen, muss die Zielsetzung für alle Beteiligten glasklar definiert sein. So war es auch bei der IT-Vision-2020-Tour hilfreich, dass wir in einem Kooperationsvertrag die Eckdaten, die Zielsetzung, die notwendigen Investitionen, den Projekt- und Zeitplan, die beteiligten Partnern und ihre jeweiligen monetären oder fachlichen Engagements schriftlich festgehalten hatten. Außerdem hatten wir bereits im Vorfeld schriftlich fixiert, in welcher Weise wir nach dem Event die entstandenen Kontakte möglichst fair und gewinnbringend unter den Beteiligten »verteilen« wollten. Denn – wir hatten das Thema schon – gerade die Verteilung des »Gewinns« kann ein Streitpunkt werden.

Oft besteht auch der Irrglaube, dass das Event (hier die einwöchige Tour) das Ziel des Projektes sei. Doch das ist zu kurz gedacht. Der Abschluss des Projekts selbst ist lediglich der erste Teilerfolg. Der volle Erfolg ist dann erreicht, wenn aus den gewonnenen Kontakten ernsthaftes, zusätzliches Geschäftsinteresse generiert und dies schlussendlich als Umsatz verbucht werden kann. Erst dann ist das Projekt abgeschlossen und Sie haben unschlagbare Fakten in der Hand, um den Erfolg zu belegen – und Budget für das nächste Projekt zu verlangen.

Einer muss den Hut aufhaben

Die größte Gefahr für den Erfolg einer Kooperation besteht darin, dass anfangs viel Enthusiasmus herrscht, man sich dann aber im Klein-Klein der Themen und Projekte verzettelt. Daher braucht die Kooperation, egal, welche Form, wie jedes andere Projekt eine gute Organisation – und einen engagierten Projektleiter, der die Ziele im Auge behält, Dinge vorantreibt und auf die Einhaltung der Zeitpläne drängt. Ansonsten droht die Gefahr, dass das Projekt einschläft.

Daher ist es eine der wichtigsten Aufgaben des Projektleiters, für Motivation zu sorgen. Sollte zwischendurch das Engagement auf einer der Partnerseiten nachlassen, muss er alle zurück an den Tisch holen und erneut auf die ursprüngliche Idee einschwören. Dabei gilt auch in der Kooperation, dass es ideal ist, wenn der Projektleiter für die Idee »brennt«.

Natürlich gab es auch bei der IT-Vision-Tour einen Projektleiter, nämlich mich. Und ich war so begeistert bei der Sache, dass ich mit meiner Leidenschaft alle anderen Beteiligten förmlich mitriss. Zugleich hatten wir – bei aller Euphorie – einen knallharten Zeit- und Projektplan, einschließlich wöchentlicher Team Calls zum Status, offenen Fragen und ergänzenden Ideen. So war jeder Einzelne in dem verzahnten Projektteam – die eigenen Mitarbeiter sowie die der Partnerseite – gefragt, im vorgegebenen Tempo Zwischenergebnisse zu liefern und zwar *just in time*.

Auch wenn es nicht nur um einzelne Projekte, sondern um langfristig angelegte Partnerschaften geht, ist es gut, wenn es einen Mitarbeiter gibt, der sich darauf konzentriert, die Partnerschaft voranzutreiben. So haben viele große Software-Unternehmen Partnermanager. Außerdem ist es ratsam, die Zusammenarbeit vertraglich zu regeln. Denn im Lauf der Zeit wechseln die verantwortlichen Mitarbeiter, die mit den Details der Zusammenarbeit vertraut sind. Hat man die Einzelheiten der Kooperation aber Schwarz auf Weiß, besitzt man eine gute Grundlage, um immer wieder – auch mit wechselnden Teams – zusammenzufinden.

Acht Tipps für funktionierende Partnerschaften:

- Definieren Sie die Ziele einer neuen Partnerschaft genau. Definieren Sie dabei auch, welche gemeinsamen Zielgruppen Sie ansprechen wollen.
- Achten Sie bei Konzepten und Maßnahmen darauf, dass sie Win-win-Situationen schaffen. Jede Partnerschaft lebt davon, dass beide Seiten profitieren.
- Gemeinsame Marketingaktivitäten erweitern das »Marketable Universe«, gemeinsame Vertriebsaktivitäten erleichtern den Marktzugang. Wichtig ist, dass Ihr Unternehmen mit dem Partnerunternehmen in den verschiedenen Funktionsbereichen kooperiert.
- Auch der Kunde sollte von der Partnerschaft profitieren. Es ist wichtig, dass er den Mehrwert der Partnerschaft erkennen kann.
- Seien Sie sich dessen bewusst, dass Sie mit einer Partnerschaft auch eine geschäftliche Verpflichtung eingehen und verhalten Sie sich loyal.

- Wie jede Partnerschaft will auch eine geschäftliche Partnerschaft aufgebaut und gepflegt werden. Seien Sie daher bereit, Zeit und Ressourcen zu investieren.
- Es ist wichtig, bereits im Vorfeld der ersten gemeinsamen Maßnahme die Ziele und Erwartungen des jeweiligen Gegenübers möglichst genau zu verstehen. Planen Sie daher ausreichend Zeit für Gespräche ein oder führen Sie einen gemeinsamen Workshop durch. Stellen Sie Ihr Unternehmen in allen Facetten vor, inklusive der wichtigen Entscheidungsträger auf beiden Seiten.
- Setzen Sie gemeinsam Milestones, sodass man Zwischenerfolge messen und das weitere Vorgehen gegebenenfalls entsprechend korrigieren kann.

»Volles Riskio, halber Gewinn?«

Von Gabriele Rittinghaus

Die Frage in der Überschrift ist kein ernsthaftes Argument gegen eine geschäftliche Partnerschaft. Ich bin der festen Überzeugung, dass eine Partnerschaft das Überleben eines oder beider Partner ermöglichen oder sichern kann. Es gibt allerdings einige Aspekte zu berücksichtigen. Dies gilt sowohl für die Auswahl des Partners als auch für die Umsetzung der gemeinsam definierten Ziele.

Aus welchen Gründen strebt ein Unternehmen eine Partnerschaft an?

- Es möchte bestimmte Marketing- oder Vertriebsziele erreichen und auf dem Weg dorthin von den Stärken des Partners profitieren.
- Es möchte gemeinsam mit einem großen Wettbewerber die Marktmacht streitig machen.
- Es möchte individuelle strategische Stärken ergänzen beziehungsweise Schwächen kompensieren und damit einen schnellen und sicheren Zugang zu neuen Märkten realisieren.

Es gibt eine Reihe unterschiedlicher Partnerschaften, die auch in ihrer Verbindlichkeit stark voneinander abweichen können

Vertriebspartnerschaft: die wechselseitige Nutzung von Distributionskanälen. Bei dieser Zusammenarbeit können die Kooperationspartner neue Vertriebskanäle nutzen, um ihren Zielmarkt durch die Integration der Kanäle des Partners zu vergrößern. Andererseits kann durch die Aufnahme der Leistung des Partners den Kunden ein erweitertes Produktangebot und somit Mehrwert und Nutzen geboten werden. Außerdem lassen sich durch die Zusammenarbeit im Vertrieb leichter neue Zielgruppen adressieren, da die bereits existierenden Kunden des Partners angesprochen werden.

Beispiel: In Kooperation mit der Direktbank comdirect bietet Tchibo seinen Kunden im Webshop eine Reihe von Finanzanlageprodukten (zum Beispiel Fest- und Tagesgeld, Fondssparen etc.).

Produktbündelung: kombinierte und zeitlich begrenzte Angebote von zwei oder mehr Produkten im Paket zu einem Gesamtpreis. Die Zusammenarbeit in Form einer Produktbündelung zielt vor allem ab auf eine schnellere Kundenansprache bei Produkteinführungen, eine stärkere Wettbewerbsdifferenzierung, die Nutzung von Synergieeffekten sowie die Steigerung von Verkaufszahlen. Außerdem kann durch eine Produktbündelung eine Steigerung des Absatzes von Produkten mit geringer Nachfrage erreicht werden.

Beispiel: Microsoft und nahezu jeder Hardwarehersteller. Der Hardwarehersteller liefert seine Hardware mit einem Standard aus und Microsoft kann seine Monopolstellung kontinuierlich ausbauen.

Marketingkooperation: die Zusammenarbeit mindestens zweier Organisationen des Marketings mit dem Ziel, durch die Bündelung spezifischer Komponenten und/oder Ressourcen Marktpotenziale auszuschöpfen. Der Nutzen des Endkunden und beider Partner steht im Vordergrund. Die Unternehmen erkennen hierin einen Ansatz zur Realisierung von Wachstumspotenzialen, die sie aufgrund fehlender Kompetenzen alleine nicht realisieren können. Außerdem bietet eine Marketingkooperation eine flexiblere und kurzfristig wirkungsvollere

Möglichkeit für gemeinsames Wachstum als Unternehmenszusammenschlüsse oder -käufe.

Beispiel: Unilevers Speiseeismarke »Cremissimo« kooperiert mit bekannten Lebensmittelmarken (zum Beispiel »Milka«, »Toblerone«, »Batida de Coco«), um sich gegen Wettbewerber zu behaupten und schneller auf neue Trends reagieren zu können. Einen Monat nach dem Kampagnenstart war »Milka Cremissimo« das meistverkaufte Eis im deutschen Lebensmittelhandel.

Strategische Allianz: eine enge Zusammenarbeit zwischen mehreren Unternehmen und die wohl engste und bedeutungsvollste Kooperation zwischen Geschäftspartnern. Diese Partnerschaften können sowohl im Verborgenen stattfinden als auch öffentlich besiegelt werden.

Viele Beispiele hierfür gibt es in der Automobilindustrie. Sie betreffen gemeinsame Entwicklungsaktivitäten für Fahrzeugkomponenten, wie sie fast alle großen Automobilhersteller praktizieren.

Wer passt zu uns?	Wer sind Sie? Was erwarten Sie?	Was machen wir?	Wie gehen wir vor?	Wer, wie, wann, was?	Wow!	Machen wir weiter?
Orientierung	Vertrauensbildung	Zielabklärung	Strategie	Umsetzung	High Performance	Erneuerung
Entwicklung				Performance		

Die sieben Phasen geschäftlicher Partnerschaften

Strategische Allianzen können aber auch weitergehen, wie das folgende Beispiel zeigt: Daimler und Renault haben eine Überkreuzbeteiligung in Form einer gegenseitigen Kapitalbeteiligung beschlossen. Jetzt wollen sie gemeinsam Kleinwagen entwickeln.

Die »Welt AG« des damaligen Daimler-Chefs Jürgen Schrempp wurde komplettiert, indem Mitsubishi aus Japan aus der »Ehe im Himmel« zwischen Mercedes und Chrysler ein Dreiecksverhältnis entstehen ließ.

Egal, welche der genannten Partnerschaften geschlossen werden, der Erfolg des Geschäftsmodells hängt von der Konstellation der beiden Parteien ab. Ungeklärte Erwartungen, diffuse Schnittstellen und unzureichend definierte Rechte und Pflichten verlangsamen und irritieren die Prozesse in einer Partnerschaft. Die Vielzahl an »weichen Faktoren«, die zum Scheitern beitragen können, ist also enorm. Art und Umfang der Zusammenarbeit müssen detailliert diskutiert werden.

Effizienzsteigerungen und Kostensenkungen werden durch gemeinsame Marketingaktivitäten, gegenseitige Nutzung der Vertriebsstrukturen sowie der logistischen Strukturen erreicht. Kundenaufträge können gemeinschaftlich bearbeitet werden. Dabei hat jeder Beteiligte seinen zuvor genau definierten Teil einzubringen.

Die Kunst liegt also darin, sich einen Partner auszuwählen, der genau das einbringt, was einem selbst fehlt. Beide Partner müssen die Voraussetzungen erfüllen, die für ein funktionierendes Geschäft notwendig sind. Darüber hinaus müssen sie beseelt sein von dem Wunsch, die Partnerschaft erfolgreich umzusetzen – und felsenfest überzeugt, hierfür den richtigen Partner gefunden zu haben.

Wenn Ziele und die Rahmenbedingungen nicht gemeinsam und einvernehmlich geklärt und vereinbart werden, wird die Zusammenarbeit entweder nicht die gewünschten Ergebnisse erzielen oder die Tätigkeiten der Partner werden sich überschneiden, was großes Konfliktpotenzial birgt.

Darum gilt Goethes Satz:

> »Erfolgreich zu sein setzt zwei Dinge voraus: Klare Ziele und den brennenden Wunsch, sie zu erreichen.«

Mitarbeiterauswahl und -motivation
Wie das ideale Team entsteht

»Motivation is the art of getting people to do what you want them to do because they want to do it.«
Dwight D. Eisenhower

Nichts ist wertvoller für ein Unternehmen als Mitarbeiter, die ebenso motiviert wie qualifiziert sind.

Doch viele gute Mitarbeiter allein machen noch keinen Erfolg – dafür braucht es ein perfektes Team, eine Mannschaft, die gut harmoniert, in der sich verschiedene Persönlichkeitstypen finden und in der sich jeder Einzelne kollegial und loyal verhält.

Wie bei jeder Mannschaft bestimmt auch im beruflichen Team die Motivation über den Erfolg.

»Gibt es etwa eine bessere Motivation als den Erfolg?«
Ion Tiriac

Ein hoher Anspruch, vor allem in Zeiten von kleinen Teams und Minibudgets. Hinzu kommt, dass sich hohe Motivation in der Regel nicht von selbst einstellen wird, sondern sie gefördert und gefordert werden will – und zwar vom Teamleiter, der dazu Geschick in Sachen Mitarbeiterführung, Einfühlungs- und Kommunikationsvermögen benötigt. Erfolge zu zelebrieren und Entwicklungsmöglichkeiten zu schaffen – von der Fortbildung über den extern moderierten Workshop bis hin zum Kongress – sind nur kleinere Add-ons in dieser Angelegenheit. Am wichtigsten ist es, dass die Kommunikation stimmt. Natürlich ist auch hier vor allem der Chef gefragt. Er muss offen und umfassend über Strategien und Ziele informieren und Entscheidungen transparent machen. Denn wer zu wenig erklärt beziehungsweise zu viel voraussetzt, läuft Gefahr, in die Kommunikationsfalle zu tappen, was immer dann passiert, wenn der Mitarbeiter weniger weiß, als der Chef denkt, dass er weiß. Dann übersieht der Mitarbeiter möglicherweise etwas oder er trifft eine Fehlentscheidung oder ist unmotiviert, weil er nicht versteht, was der Chef eigentlich will.

Reden ist Silber, Zuhören ist Gold

Aber der Chef sollte nicht nur reden und informieren. Vor allen Dingen sollte er zuhören.

Zum Beispiel, wenn ein Mitarbeiter einen neuen Lösungsansatz für ein Projekt vorstellt. Mitarbeiter stecken naturgemäß viel tiefer im konkreten Fall als der Chef. Sie verfügen über Informationen, die der Chef (noch) nicht hat und haben daher oft sehr gute Gründe für ihren Ansatz, der möglicherweise von der Idee des Chefs abweicht. Hier muss der Chef die Beweggründe und Überlegungen des Mitarbeiters genau heraushören. Denn vielleicht hat der Mitarbeiter mit seinen Ideen durchaus recht. Wichtig ist es außerdem, als Chef auf die Persönlichkeit des Mitarbeiters einzugehen. Auch das gelingt durch Zuhören und Einfühlungsvermögen. Nur so lässt sich Potenzial erkennen und fördern.

»Solange man selbst redet, erfährt man nichts.«
MARIE VON EBNER-ESCHENBACH

Potenzialentwicklung erfordert außerdem, dem Mitarbeiter weit reichenden Freiraum zu gewähren. Daher bremse ich meine Mitarbeiter – wo immer das geht – nicht aus, wenn es spannend wird. Das wiederum motiviert jeden Einzelnen, selbstverantwortlich zu arbeiten und unternehmerisch zu denken. Kurz: Ich setze auf Makromanagement, indem ich die große Linie vorgebe, meinem Team aber ausreichend Gestaltungsfreiraum lasse und mich aus dem Tagesgeschäft heraushalte. Denn genau dadurch fühlen sich professionelle Mitarbeiter motiviert. Alles andere würde ihre Leistungsbereitschaft und ihr Engagement schmälern.

> **Sieben Tipps für den Aufbau des idealen Teams:**
> - Es liegt an Ihnen, ein Team zu formen – und es in Form zu halten.
> - Kommunizieren Sie regelmäßig mit Ihrem Team – und noch wichtiger: mit den einzelnen Teammitgliedern. Stellen Sie Projekte dem Team so vor, dass es wirklich versteht, worum es Ihnen geht und woran alle arbeiten sollen.
> - Hören Sie genau zu.
> - Motivieren Sie Ihr Team zu innovativem Denken und Tun, stehen Sie loyal zu Ihrem Team – und vermitteln Ihren Mitarbeiter, dass sie sich auf Sie verlassen können.
> - Zeigen Sie Ihrem Team, dass Sie sich für es einsetzen. Setzen Sie Team fördernde Maßnahmen um.
> - Fordern und fördern gehören zusammen. Erkennen Sie Talente und fördern Sie Ihre Teammitglieder individuell.
> - Präsentieren und zelebrieren Sie Erfolge.

Da sollten Sie kleinlich sein: die Jobanzeige

Es gibt immer den passenden Mitarbeiter, man muss ihn nur finden. Dafür muss man sich zu allererst im Klaren sein, was der oder die Neue haben, können, leisten muss – und welche Anforderungen die Position stellt. Daraus ergibt sich dann eine präzise Stellenbeschreibung wie von selbst. Erst wenn Sie die haben, sollten Sie mit der Personalsuche beginnen. Denn nur mit einer Anzeige, die auf den Punkt bringt, wonach Sie suchen, sorgen Sie für eine gute Vorauswahl. Diese hilft der Personalabteilung, nur wirklich geeignete Kandidaten zu Erstgesprächen einzuladen. Damit verläuft der gesamte Einstellungsprozess zielgerichtet und effizient.

Kein Speed-Dating bei der Mitarbeiterwahl

Größeren Unternehmen empfehle ich, sechs bis acht Interviews mit dem Bewerber zu führen, um ihn richtig einschätzen zu können. Erst dann haben alle Beteiligten einen fundierten Eindruck. Aber auch kleinere Unternehmen sollten Zeit in die sorgfältige Auswahl ihrer Mitarbeiter investieren. Denn Fehlentscheidungen an dieser Stelle führen zu Leistungseinbußen und – im schlimmsten Fall – zu hohen Folgekosten, wenn sich später herausstellt, dass der ausgewählte Kandidat nicht der richtige ist.

Bewerbungsinterviews führe ich in der Regel gemeinsam mit einem Kollegen aus dem Team. Wertvoll ist es auch, den Bewerber zusätzlich ein Gespräch mit einem Vertriebsmanager oder einem Verantwortlichen aus einem anderen Bereich führen zu lassen. Das gibt dem Bewerber neue Einblicke und dem Unternehmen eine zweite Perspektive auf den Kandidaten. Alles in allem kann die Interviewphase zwei bis drei Wochen in Anspruch nehmen. Dabei empfehle ich, nicht mehr als zwei Gespräche täglich pro Kandidat zu terminieren.

Sind alle Gespräche geführt, alle Fragen gestellt und herrscht dennoch keine hundertprozentige Sicherheit, können Referenzgespräche mit früheren Chefs und Mitarbeitern helfen. Ergänzend kann der Bewerber zwei bis drei Tage »Probe« arbeiten. Das ist ein Vorgehen, das schnell für Klarheit sorgt. Bei einem unserer Kandidaten, der diese Option nutzte, stellte sich heraus, dass er fachlich hoch qualifiziert, aber dem Arbeitsdruck nicht gewachsen war. Das rechtzeitig festzustellen, war für beide Seiten ein Gewinn. Team und Bewerber wurden vor einer Fehlentscheidung bewahrt und der äußerst kompetente Kandidat erhöhte seine Chancen, an anderer Stelle der Richtige am richtigen Platz zu werden.

Wanted: Menschen mit Mut

Wie sieht der ideale Mitarbeiter aus? Er ist qualifiziert, innovativ, teamfähig, ehrlich, respektvoll, tolerant und natürlich begeisterungsfähig. Er »brennt« für seine Themen. Das gilt für den neuen Assistenten genauso wie für neue Manager. Letztere sollten darüber hinaus unternehmerisch denken, selbstsicher präsentieren und sich trauen, neue Wege zu gehen.

Gelingt es, einen solchen Mitarbeiter zu finden, hat man (beinahe) einen Garant für den Erfolg im Haus. Doch leider leben wir in schwierigen Zeiten für kreative Neu- und Querdenker. Die Wirtschaftskrise und Entlassungen im Jahr 2009 haben dazu geführt, dass Arbeitnehmer zurückhaltend agieren, um bloß nicht den wertvollen Job zu verlieren. Ein Dilemma, denn gerade, wenn die Ressourcen knapp sind, brauchen wir Menschen mit Mut und außergewöhnlichen Ideen.

> »Die richtigen Leute einzustellen, ist das Beste, was ein Manager tun kann.«
> Lee Iacocca

Trockenübungen

Wir wissen also, wie die Idealbesetzung für eine ausgeschriebene Stelle aussieht. Woran erkennen wir nun, dass sie vor uns sitzt? Meiner Meinung nach am besten mit Hilfe des guten alten Fallbeispiels. Es ist die klassische – und vielleicht auch die effizienteste – Methode, mehr über einen Kandidaten und seine Arbeitsweise zu erfahren. Ich stelle dem Bewerber eine Aufgabe aus der Praxis und lassen ihn einen Lösungsansatz entwerfen. Das bringt mir in der Regel eine ganze Reihe von Erkenntnissen. Als ich beispielsweise einmal eine Kandidatin bat, ein Marketingkonzept für den – fiktiven – Einstieg von Ikea in den Gartencentermarkt zu erstellen, mit allen Marketingwerkzeugen und einem durchschnittlichen Budget, präsentierte sie mir nach einem Tag »Denkzeit« ein so überzeugendes Konzept, dass wir sie nicht nur einstellten, sondern auch einige ihrer Ideen – entsprechend adaptiert – für unser Unternehmensmarketing nutzten.

So einfach machen es einem natürlich die wenigsten Bewerber. Selten überzeugt eine Idee so sehr, dass man nicht an Alternativvorschlägen interessiert ist. Und das ist gut so, denn auch die Frage nach weiteren Ansätzen prüft den Kandidaten. Sie zeigt, ob er flexibel genug ist, seine erste Idee zu verwerfen und eine komplett neue, noch bessere zu entwickeln. Eine Fähigkeit, die jeder Marketingfachmann haben sollte.

Im Rahmen der Gespräche lässt sich heraushören, wie begeisterungsfähig der Kandidat ist. Spricht er mit Leidenschaft über Ideen und Projekte? Oder sind sie für ihn »nur« Teil seiner Arbeit? Spricht er in der ersten Person Singular oder Plural, ist er nicht nur engagiert, sondern auch teamorientiert? Wer genau hinhört, kann hier vieles über den Kandidaten lernen. Unter Umständen lässt sich sogar heraushören, welcher Arbeitstyp er ist: Stratege, Theoretiker, Umsetzer oder Macher? Welche Rolle er später spielen wird, ist gut zu wissen, damit das Team auch nach dem Neuzugang im Gleichgewicht bleibt.

Recruiting quer

In der IT-Branche gibt es viele brillante Marketing- und Vertriebsmanager, die ihr Handwerkszeug bestens beherrschen. Allerdings hat sich im Lauf der Jahre eine Art Branchenstandard entwickelt, der ab und an durchbrochen werden will.

Daher schätzen wir in meinem Unternehmen den Input von Branchenquereinsteigern und rekrutieren immer wieder mal »quer«. Eine Channel-Position beispielsweise besetzten wir mit einem Vertriebsverantwortlichen aus der Automobilbranche. Und für den Bereich Eventmanagement setzen wir immer wieder auf Mitarbeiter aus dem Hotelfach. Sie haben Organisationstalent, sind belastbar, kennen das Arbeiten mit kleinem Budget und wissen, was Servicebereitschaft im besten Fall einschließt. Außerdem schätzen sie die Vorteile, die ihnen unsere Branche bietet: kein Schichtdienst, bessere Bezahlung und ein Umfeld mit guten Entwicklungschancen.

Sieben Tipps für die erfolgreiche Mitarbeitersuche:

- Je präziser die Jobbeschreibung, desto eher werden die passenden Kandidaten in die engere Auswahl kommen.
- Unterhalten Sie sich mit der Personalabteilung oder dem Recruiter sehr genau über Ihre Erwartungshaltung. Denn diese führen die ersten Gespräche mit dem Kandidaten und können schon im Vorfeld entsprechend filtern.
- Fragen Sie qualifizierte Mitarbeiter oder Kollegen, ob sie mögliche Interessenten für die offene Position kennen. Getreu der Coachingregel »Gute Leute kennen gute Leute« werden sie Ihnen nur interessante Kandidaten empfehlen.
- Ziehen Sie auch branchenfremde Kandidaten in Betracht.
- Hören Sie zu – besonders im Vorstellungsgespräch. Hören Sie auch auf Zwischentöne und beobachten Sie Stimme, Mimik und Gestik. Meine Erfahrung ist, dass Letztere oft mehr sagen als Worte.
- Sprechen Sie mit früheren Chefs und Kollegen. Im Gegensatz zu früher sind Zeugnisse heute nicht mehr aussagefähig genug.
- Das Team entscheidet mit. Schlussendlich wird der neue Mitarbeiter ein Teammitglied sein. Die künftigen Kollegen sollten daher ihre Meinung zu den Kandidaten äußern können. Vielleicht gibt es ja auch die Möglichkeit, dass der Kandidat eine Woche im Unternehmen mitarbeitet. So können sich beide Seiten einen Eindruck verschaffen.

Alles Typsache

»A person can never be perfect, but a team could be«. Demnach ist im Team jeder Einzelne wichtiger Teil eines schlüssigen Ganzen. Und dieses schlüssige Ganze besteht idealerweise aus verschiedenen, einander ergänzenden Mitarbeitertypen.

Das Team Management System (TMS) nach den Unternehmensberatern Charles Margerison und Dick McCann zeigt die

Typen, die in einem Team vorkommen sollten: Auch wenn ich dieses Konzept voll und ganz unterstützte und weiß, dass man in jedem Team alle Typen braucht, erscheinen mir bestimmte Typen besonders wichtig, wenn es um Innovationen geht: die Macher, die Strategen, die Theoretiker und die Umsetzer. Sie definieren sich – frei nach Mehler – wie folgt:

Der Macher lebt im Hier und Jetzt. Er wird schnell konkret, bringt Aktionen auf den Punkt und gibt den Teammitgliedern klare Handlungsanweisungen. Als Getriebener liebt er es, Dinge zu bewegen, er will Zeichen setzen. Stets sucht er nach Veränderungen und nach Verbesserungsmöglichkeiten. Gern wird er, wenn es nicht schnell genug vorangeht, ungeduldig, er treibt an und das kann – im positiven Sinn – das ganze Team auf- und anregen. Insgesamt ist der Macher risikofreudig und mutig und damit ein sehr wichtiges Element im Team.

Der Stratege hingegen hat die Vision – das Große und Ganze – im Blick. Er verliert sich nicht in taktischen Überlegungen, seine Idee beschreibt er meist auf einer abstrakten Ebene. Nicht selten braucht er einen »Übersetzer«, der dem Team die visionäre Idee erläutert und dafür sorgt, dass sie mittels nachvollziehbarer Anweisungen auch umgesetzt werden kann. Der Visionär denkt an die mittel- bis langfristige Zukunft, er kann nicht verstehen, dass sich jemand in der schnöden Gegenwart verliert.

Der Theoretiker ist der große Zukunftsplaner. Seine Ideen leitet er aus der Gegenwart ab, mit kleinen, gezielten Schritten entwickelt er das Morgen aus dem Heute. Dabei geht in der Regel realitätsnah und bewusst vor, mitunter jedoch akademisiert er und verliert die Wirklichkeit aus den Augen.

Der Umsetzer dagegen hält nicht viel vom Starren auf das kommende Jahr oder darüber hinaus. Er will eine klare und direkte Handlungsanweisung für diese Woche, den aktuellen Monat oder das laufende Quartal. Dann legt er los. Gern pragmatisch und ohne Zweifel an der zu erfüllenden Aufgabe. Das Ergebnis ist es, was für ihn zählt, sobald er »geliefert« hat, hastet er zur nächsten Aufgabe. Als Taktiker und Ausführer im Team sind die Umsetzer eine brillante Besetzung.

Das »Who is Who« des Teams

Um Talente, Fähigkeiten, Neigungen und Leidenschaften der einzelnen Mitarbeiter einzuschätzen, haben Margerison und McCann einen Fragenbogen entwickelt, anhand dessen sich Charaktereigenschaften, die Herangehensweisen an Probleme, die allgemeine Arbeitsweise, der Umgang mit Stresssituationen, Arbeitspräferenzen und die Vernetzung im Team ermitteln lassen.

Die Antworten lassen sich den Teamtypen zuordnen und so kristallisiert sich im Zuge der Auswertung heraus, welchem Typ der Mitarbeiter entspricht. Dieses Klassifizieren ist auch im Rahmen der Bewerberauswahl hilfreich, denn es zeigt, welche Rolle ein Kandidat im Team voraussichtlich einnehmen wird.

Die Qualifikation von Mitarbeitern nach Typen ist keine statische Angelegenheit. Menschen entwickeln sich, wachsen mit ihren Aufgaben. Auch bei mir selbst konnte ich über Jahre hinweg eine Entwicklung beobachten. In Typen ausgedrückt wurde ich vom Umsetzer über den Macher zum Strategen. Eine Metamorphose, die ich mit entsprechenden Karrieresprüngen verknüpfen konnte. Doch bei aller Veränderung: Auch heute kann ich noch der Umsetzer sein.

Der Chef als Coach

Das beste Team wird keine gute Arbeit leisten, wenn der Chef seine Position nicht richtig ausfüllt. Chefsache ist es unter anderem, die Mitarbeiter zu fordern und zu fördern.

Muss bei fachlichem Wissen nachgearbeitet werden oder gibt es Probleme im zwischenmenschlichen Bereich? Ein professioneller Vorgesetzter sieht das und handelt. Entweder indem er – wenn er die Kompetenz und idealerweise eine Ausbildung dafür hat – selbst den Mitarbeiter coacht oder indem er einen externen Berater ins Haus holt.

Ist das Verhältnis zwischen Vorgesetztem und Mitarbeiter besonders kollegial und ist der betroffene Mitarbeiter jemand, der persönliche Fragen lieber mit Menschen bespricht, die ihm vertraut sind, dann ist vielleicht der Vorgesetzte der geeignete Coach. Bei einem eher distanzierten Verhältnis von Mitarbeiter und Chef oder gar einer Diskrepanz empfiehlt es sich, Hilfe von außen zu holen. Umso mehr, wenn der Coachee weiß, dass er einen Abstand braucht, um Rat anzunehmen. In jedem Fall müssen beide Seiten mit den Rollen einverstanden sein und der Betroffene sollte sich schlicht »gut aufgehoben« fühlen. Das ist die wichtigste Voraussetzung für erfolgreiches Coaching.

Für die eigentliche Beratung gilt: Wer auch immer die Rolle des Coachs übernimmt, er muss sich in die Lage des Mitarbeiters versetzen können. Nur auf dieser Basis entstehen praxisnahe, sinnvolle Lösungsansätze. Dabei gibt der Coach nicht den Weg vor, sondern hilft dem Mitarbeiter, selbst eine Lösung zu entwickeln.

Als Chef rutscht man nicht selten automatisch in die Funktion des Coachs, auch wenn man nicht speziell dafür ausgebildet ist. Zwar gibt es immer wieder Vorgesetzte, die wahre Naturtalente sind, doch ein gewisses fachliches Know-how und Methodenwissen sind empfehlenswert. Eine zusätzliche Ausbildung oder Fortbildung hilft, wenn man im Lauf der Zeit immer mehr Personalverantwortung übernimmt. Ich selbst habe eine Intensivausbildung zum Coach absolviert und kann dies nur empfehlen. Selten habe ich etwas Spannenderes getan.

> »Mitarbeiter können alles: wenn man sie weiterbildet, wenn man ihnen Werkzeuge gibt, vor allem aber, wenn man es ihnen zutraut.«
> HANS-OLAF HENKEL

Die innere Verbundenheit

»La loyalité« – französisch für »die Treue« – bezeichnet die innere Verbundenheit und deren Ausdruck im Verhalten gegenüber einer Person, Gruppe oder Gemeinschaft. Loyalität bedeutet, die Werte des anderen zu teilen und zu vertreten beziehungsweise diese auch dann zu vertreten, wenn man sie nicht im vollen Umfang teilt. Loyalität ist immer eine freiwillige Angelegenheit. Sie zeigt sich sowohl im Verhalten gegenüber demjenigen, dem man loyal verbunden ist, als auch Dritten gegenüber. So viel zur Theorie – aus der sich Einiges für die Praxis ableiten lässt: unter anderem die Erkenntnis, dass wechselseitige Loyalität zwischen Chef und Mitarbeiter die beste Basis für eine erfolgreiche Zusammenarbeit ist. Sie bedeutet, dass man sich aufeinander verlassen kann.

> »Vertrauen und Loyalität können nur auf der Basis der Gegenseitigkeit gedeihen.«
> Albert Einstein

Auf dieser Grundlage gegenseitigen Vertrauens lässt es sich nicht nur sehr effizient arbeiten. Es macht schlicht Freude, wenn man weiß, dass man auf den anderen bauen kann. Die Loyalität zwischen Chef und Mitarbeiter ist weder selbstverständlich noch von Anfang an da. Sie muss sich sukzessive entwickeln und mit der Zeit reifen. Wie lange das dauert, ist abhängig von der persönlichen Konstellation. Ein Jahr darf man sich da durchaus gönnen.

Miteinander arbeiten, miteinander reden

Viele Teamprobleme gibt es deshalb, weil man entweder nicht miteinander geredet oder viele unverstandene Worte gewechselt hat. Ich erinnere mich an einen Konflikt mit einem Mitarbeiter, der querschoss, meine Vorgaben sabotierte, also einfach sein eigenes Ding machte. Natürlich war ich ziemlich sauer, denn ich fand das Verhalten illoyal. Ich war der Ansicht, den Mitarbeiter genau und umfassend informiert zu haben, und konnte mir sein Verhalten nicht erklären.

Doch im Gespräch stellte sich heraus, dass dem Mitarbeiter Informationen fehlten, er nicht wusste, was ich wollte und warum. Ich hatte ihn nicht detailliert genug eingeführt, er hatte Fehlendes hinzuinterpretierte, sich eine eigenen Meinung gebildet und schließlich meine Entscheidung in Frage gestellt. Das wiederum hatte ich als Mangel an Loyalität ausgelegt. Alles in allem ein typisches Missverständnis, basierend auf einem Mangel an Kommunikation, der einer der häufigsten Gründe für Unstimmigkeiten zwischen Chefs und Mitarbeitern ist.

Als ich erkannt hatte, dass ein Kommunikationsfehler meinerseits den Konflikt verursacht hatte, entschuldigte ich mich für meine Fehleinschätzung – und lernte für die Zukunft. Seither präsentiere ich meine Ideen durchdachter und detaillierter. Ich verabschiedete mich ein für allemal von der Auffassung, dass, sobald ich ein Thema verstanden habe, alle wissen, warum wir das Projekt so und nicht anders angehen. Ich hatte verstanden: Andere Menschen »ticken« anders. Und wenn ich gedanklich vorauspresche, ist das nicht für jeden nachvollziehbar.

Außerdem habe ich aus diesem Vorfall gelernt, jederzeit offensiv das klärende Gespräch zu suchen. Nicht selten stellen sich dann erfreuliche Wendungen und Aha-Momente ein und in der Regel gibt es ein »Happy End«.

Kollegial nah statt neutral distanziert

Manche Mitarbeiter (und Kollegen) sind der Überzeugung, dass es nur dann ein respektvolles Miteinander gibt, wenn man sich neutral-distanziert verhält. Erwiesen ist das jedoch nicht. Vielmehr zeigt sich immer wieder, dass man sich mit allzu großer Distanz etwas vergibt: nämlich den intensiven persönlichen Austausch, Feuer-und-Flamme-Diskussionen und schließlich vielleicht sogar neue Ideen.

Ich bin der Meinung, dass man durchaus auf Distanziertheit verzichten kann und zwar über alle Hierarchieebenen hinweg. Lässt man sich darauf ein, wird für Manager wie Mitarbeiter das Zusammenarbeiten spannender und lebendiger. Und meines Erachtens liegt es in der Verantwortung des jeweiligen Managers, für mehr kollegiale Nähe zu sorgen.

Besonders bei introvertierten Mitarbeitern lohnt es sich, auf sie zuzugehen. Nicht jeder kann und will laut auftreten. Oft genügt zusätzliche Aufmerksamkeit und wohlwollendes Interesse, um den Mitarbeiter aus der Reserve zu locken. Das trägt auch dazu bei, Fähigkeiten, die der jeweilige Mitarbeiter – bescheiden, wie er ist – für sich als selbstverständlich verbuchte, zum Vorschein zu bringen.

Vorhang auf für Mitarbeiter

Der Mensch ist ein eitles Wesen und als solches braucht er (zumindest ab und an) Bewunderung. Denn die positive Rückkopplung stachelt zu neuen Höhenflügen an. Für das Berufsleben lässt sich daraus ableiten: Ein Mitarbeiter sollte sich und seine Leistung präsentieren können und keine Scheu vor dem Rampenlicht haben. Nur wer vor anderen zeigen kann, was er erreicht hat, erfährt die motivierende Anerkennung von Chefs und Kollegen unmittelbar.

Daher sollten auch die introvertierten Zeitgenossen den Sprung »ins Rampenlicht« wagen. Dort lernen sie nicht nur, sich und ihre Talente ins rechte Licht zu rücken, sie werden auch erleben, dass positives Feedback selbstbewusst macht und sie schließlich sogar auf die Bühne treibt.

Diese Erfahrung machte vor einigen Jahren eine meiner Mitarbeiterinnen. Sie war fachlich kompetent und verfügte über enormes Detailwissen. Was ihr fehlte, war das Vertrauen in sich selbst, das Vertrauen, das Team durch eine Präsentation überzeugen zu können. So weigerte sie sich schlichtweg, vor anderen einen Vortrag zu halten und ihre – sehr guten – Arbeitsergebnisse darzustellen. Ein Traum für jeden Chef, der Mitarbeitererfolge gerne als seine eigenen ausgibt. Nicht aber mein Traum, denn ich wollte eine selbstbewusste Mitarbeiterin. Durch ein Coaching überwand sie ihre Scheu, trainierte erst in kleiner, dann in größerer Runde zu präsentieren. Nach und nach wurde sie sicherer, ihr Ehrgeiz war angestachelt, sie traute sich ein wachsendes Publikum zu. Heute ist sie eine gefragte Marketingexpertin, für die eine professionelle Präsentation vor einem größeren Publikum zum Tagesgeschäft gehört.

In Normalzeiten mit normalen Arbeitszeiten

Nach Feierabend muss Schluss sein, so halte ich es in der Regel mit meinen Mitarbeitern. Ich verlange nicht, auch nicht unausgesprochen, dass sie besonders lang Präsenz zeigen. Denn ich denke, in Normalzeiten sollte man das Arbeitspensum auch in Normalzeit erledigen können. Sind wir in einer besonderen Belastungsphase, ist ohnehin klar, dass wir zusammen – auch über die normale Arbeitszeit hinaus – so lange arbeiten müssen, bis das Projekt beendet ist. Eine Anforderung, die mein Team ebenso wenig in Frage stellt wie ich die ansonsten normale Arbeitszeit.

Ich bin der festen Überzeugung: Kein Marketingmitarbeiter der Welt muss 365 Tage im Jahr rund um die Uhr anruf- und abrufbereit sein und sich gewohnheitsmäßig die Abende im Büro um die Ohren schlagen. Wer seinen Mitarbeitern solche Arbeitszeiten diktiert, sollte sich fragen, ob nicht andere Organisationsstrukturen erforderlich wären. Tut er das nicht, wird er auf Dauer die guten Leute verlieren. Denn jeder Mensch braucht Regenerationsphasen, in denen er neue Energie tanken kann. Und die guten Leute wissen das.

Die sieben Dos der Mitarbeiterführung:

- Betreiben Sie Makromanagement. Mikromanagement funktioniert vielleicht bei den Juniormanagern, aber sicher nicht, wenn sie mit erfahrenen Mitarbeitern arbeiten. Man kann nicht Seniormanagement erwarten und dann alles im Detail kontrollieren.
- Informieren Sie umfassend. Unvollständige Informationen oder schwammige Zielvorgaben verwirren das Team. Sagen Sie klar und auf den Punkt, was sie erreichen wollen.
- Führen Sie konsequent. Ständig wechselnde Richtungsansagen verwirren, stehen Sie deshalb zu Ihren Entscheidungen.
- Gewähren Sie Entscheidungsfreiheit im richtigen Maß. Ihre Mitarbeiter sollten so viel Entscheidungsfreiheit wie möglich haben. Aber zu viel Freiheit kann bedeuten, dass ein Projekt vor die Wand gefahren wird. Am besten, Sie starten in kleinen Projekten mit großer Eigenverantwortung und geben sukzessive – nach erfolgreicher Umsetzung – mehr Verantwortung.
- Lassen Sie niemals alle Zügel locker. Sie haben die Verantwortung für das Team und dessen Erfolg. Sie sollten also zu jedem Zeitpunkt den Überblick besitzen und wissen, wie die einzelnen Projekte laufen, wenn auch nicht im Detail.
- Lassen Sie es nicht zu privat werden. Privates und Berufliches sollten ein Stück weit getrennt bleiben. Das heißt nicht, dass mitunter nicht aus Kollegen Freunde werden können. Das aber am besten erst dann, wenn wieder berufliche Distanz besteht.
- Lassen Sie keine Illoyalität zu. Sollte sich ein Mitarbeiter in ihren Augen illoyal verhalten, klären Sie die Situation sofort. Betrifft es das Team, dann machen Sie nach Klärung der Situation dem Team Ihre Position klar.

»INNOVATIONSFAKTOR VIELFALT«

VON TORSTEN BITTLINGMAIER

Natürlich gibt es sie, die besonders Innovativen, die Daniel Düsentriebs dieser Welt, die vor Ideen überquellen und sich über die Anzahl der täglichen Erfindungen definieren. Aber diese Menschen sind Ausnahmen. Im Tagesgeschäft ist Innovation oft harte Arbeit. Und obwohl viele Erfindungen in der Vergangenheit eher zufällig gemacht wurden, so lassen sich bei genauerem Hinsehen schnell Faktoren erkennen, die das Entstehen von Innovationen zumindest begünstigen:

Neben intrinsischer Motivation und individuellen Eigenschaften einer Person – beispielhaft seien Neugier, Beharrlichkeit, Engagement und Risikobereitschaft genannt – spielen Rahmenbedingungen eine Rolle, die bewusst geschaffen und als Erfolgsfaktoren für Innovation wirksam werden können.

Die Faktoren, auf die näher eingegangen werden soll, sind Vielfalt, Lernen in Netzwerken und Raum für Innovation.

1 ASPEKTE VON VIELFALT

Vielfalt hat viele Facetten; einen Betrachtungsschwerpunkt lege ich auf die klassischen Elemente moderner Diversität: Geschlecht, internationale Durchmischung und Altersheterogenität.

1.1 DIVERSITÄT

Dass Gruppen bessere Ergebnisse erzielen und auch innovativer sind als Einzelpersonen, ist keine neue Erkenntnis. Wer je das bekannte NASA-Spiel (nachzulesen bei: Klaus Antons: »Praxis der Gruppendynamik«,

Hogrefe Verlag, Göttingen 2000) gespielt hat, konnte die Überlegenheit der Gruppe eindrucksvoll erfahren.

Zusätzliches Potenzial liegt in der Zusammensetzung der Gruppe. Der Phönix-Report der Unternehmensberatung Accenture lässt keinen Zweifel: Gemischte Teams erzielen bessere Ergebnisse als homogene Gruppen. Auch andere Studien belegen dies. So wies eine McKinsey-Studie aus dem Jahr 2007 nach, dass Unternehmen mit einem höheren Frauenanteil im Board of Directors signifikant bessere Finanzkennziffern (Return on sales, Return on Equity, Return on Invested Capital) vorweisen können als Firmen mit wenigen Frauen im Board.

Das Thema »Gender« gewinnt zunehmend an Bedeutung. So wird der Vorstandsvorsitzende von Henkel, Kasper Rorstedt, in einer »Handelsblatt«-Beilage vom Mai 2010 zu vorgenannter Studie wie folgt zitiert: »Unsere Vielfalt ist unsere wirtschaftliche Stärke. Das bedeutet für uns ganz klar: Wir wollen auch mehr Frauen in Führungspositionen.« Noch eindeutiger macht es die Deutsche Telekom: Sie hat die Frauenquote eingeführt und will bis zum Jahr 2015 die Führungspositionen im oberen und mittleren Management zu 30 Prozent mit Frauen besetzen. Motto: »Erfolg durch Vielfalt«.

Naheliegend ist außerdem, dass international zusammengesetzte Teams bessere Entscheidungen bezüglich der Auslandsmärkte treffen. Zumindest diese Entwicklung spiegelt sich bereits heute in der Zusammensetzung der Vorstände der DAX-Unternehmen recht deutlich wider. Alleine unter den CEOs finden wir Schweden, Österreicher, Schweizer und so weiter. Das ist kein Zufall, sondern zeugt von der Erkenntnis, dass global oder zumindest international agierende Unternehmen eher erfolgreich und innovativ sein werden, wenn das Führungsgremium international zusammengesetzt ist.

Obwohl auf Vorstandsebene noch nicht sichtbar, so wird doch ein weiterer Aspekt der Diversität in Arbeitsgruppen zunehmend geschätzt: die Vielfalt in Sachen Alter. Immer häufiger erhalten Teams ganz bewusst eine Struktur, in der sowohl erfahrene Mitarbeiter (Business Know-how, Erfahrung) als auch Berufseinsteiger (aktuelles Hochschulwissen, Unbefangenheit) vertreten sind. Angesichts der dramatisch abnehmenden Halbwertszeit des Wissens (die Hälfte des aktuellen IT-Wissens verliert seine Bedeutung bereits nach etwa zwei Jahren) ist dies naheliegend; die Zunahme des verfügbaren Wissens erklärt, warum Reverse-Mentoring-Konzepte, bei denen erfahrene Mitarbeiter von jüngeren lernen, nicht mehr belächelt, sondern als Erfolgsfaktoren des Innovations- und Wissensmanagements akzeptiert werden. Moderne Managementteams sind daher divers – und profitieren von den Erfahrungen mehrerer Generationen. Stephen R. Covey definiert in seinem Buch »Die sieben Wege zur Effektivität« (Gabal Verlag, Offenbach 2010) Reife als das Gleichgewicht von Mut und Rücksicht. Ausgewogen zusammengesetzte Teams können somit einen hohen Reifegrad erreichen und zum Wohle des Unternehmens agieren.

1.2 Verschiedene Branchen

Neben klassischen Diversitätskriterien gibt es weitere Aspekte der Vielfalt bei der Zusammensetzung von Teams.

Benchmarking gilt als eine Methode des zielgerichteten Vergleichs zur Optimierung von Prozessen, Produkten und so weiter; oft wird dabei funktional beziehungsweise branchenübergreifend vorgegangen. Analog dazu ist es sicherlich von Vorteil, wenn Teams einerseits über branchenspezifisches Know-how verfügen, andererseits aber Mitarbeiter mit Erfahrungen aus anderen

Branchen hinzuziehen. Aus eigener Erfahrung kann ich berichten, wie sehr Branchenwechsel in persönlicher wie beruflicher Hinsicht bereichern. Und die Fähigkeit, als Branchenneuling eingefahrene Strukturen und Prozesse zu hinterfragen, ist eine wertvolle Quelle der Innovation. Leider versiegt sie oftmals nach einiger Zeit und die Assimilierung schreitet voran ...

Wir alle kennen die Theorie, dass mit zunehmender Bedeutung einer Position in einer Hierarchie das hierfür erforderliche Fachwissen bei der entsprechenden Person abnimmt, die Fähigkeit, Dinge zu managen, jedoch an Bedeutung gewinnt. Beispiele hierfür finden sich natürlich in der Wirtschaft, besonders aber in der Politik, wo ein Ressortwechsel für einen Minister durchaus üblich ist.

Eine Branche zu wechseln bietet die Chance, die Fähigkeit zur Abstraktion zu schulen. Das Vorhandensein dieser Fähigkeit in einem Team – gepaart mit ausreichend operativer Bodenhaftung – ist eine gute Grundlage für innovatives Denken und Handeln. Echte Querdenker ins Team zu holen ist nicht immer leicht. In Zeiten von Bestenauswahl, klarer Suchprofile und Kriterien fallen diese allzu oft durch das Raster der Vorauswahl. Branchenwechsler sind hier mehr als ein guter Kompromiss: Sie haben ihre Professionalität bereits unter Beweis gestellt, erfüllen wesentliche Anforderungen bezüglich des Jobprofils und bereichern das Team durch neue Einsichten und Erfahrungen. Nochmals sei daran erinnert: Das branchenspezifische Wissen ist schnell angeeignet beziehungsweise hat nicht die überragende Bedeutung, die ihm oft angedichtet wird. Einige prominente Beispiele aus der deutschen Wirtschaft gefällig? Wolfgang Reitzle wurde vom erfolgreichen Automanager zum noch erfolgreicheren CEO des Industriegasproduzenten Linde AG. Eckhard Cordes, ebenfalls aus dem Automobilbau kommend, wirkt heute als Vorstandsvorsitzender der Metro Group im Handel. Peter Löscher kam über Kienbaum (Beratung), Hoechst und Aventis (Chemie), General Electric (Healthcare) und Merck (Pharma) zu Siemens und ist heute Vorsitzender des Vorstandes. Alles Ausnahmen? Sicher nicht. Eher die Regel. Tendenz steigend!

2 Lernen in Netzwerken

Lernen hat mit Innovation zu tun – das leuchtet ein. Stellt man sich allerdings die Frage, ob heutige Lernformen innovationsbegünstigend sind, so kann die ehrliche Antwort im besten Falle ein entschiedenes »nur zum Teil« sein.

Auch die Frage »Wie lernen Führungskräfte und Mitarbeiter in der Zukunft?« muss angesichts neuer Entwicklungen hinsichtlich Wertewandel und Web-2.0-Technologien auch unter dem Gesichtspunkt der Innovationsförderung neu gestellt und beantwortet werden.

Exemplarisch sei hier das Thema »hierarchieübergreifendes Lernen« aufgegriffen. Üblicherweise treffen sich Führungskräfte zu Führungsseminaren, lernen sich kennen und bilden darauf aufbauend ein mehr oder minder belastbares Netzwerk – manchmal unterstützt durch entsprechende Alumni-Treffen. Das ist auch künftig erforderlich, an Bedeutung wird aber das Lernen in bereits vorhandenen Netzwerken unabhängig von Hierarchien gewinnen.

Beispiel A – der Klassiker: Die Führungskraft hat sich im Seminar eine neue Technik oder ein Führungsinstrument angeeignet und ist guten Willens, dieses in den Arbeitsalltag zu integrieren. Die Mitarbeiter, die diesen Lernschritt nicht vollzogen haben, reagieren möglicherweise mit Unverständnis oder Ablehnung. Innovation Fehlanzeige.

Beispiel B – die moderne Version: Führungskraft und Mitarbeiter erlernen gemeinsam im Seminar diese neue Technik – und erarbeiten gemeinsam die Integration ins Tagesgeschäft; Widerstände werden noch im Seminar bearbeitet. Ergebnis ist echte Innovation und der gemeinsame Schritt auf eine neue Entwicklungsstufe.

3 Innovation braucht Raum

Eine Binsenweisheit – und doch im Zweifelsfalle zu wenig beachtet! Gemeint sind keinesfalls nur Räume im wörtlichen Sinn, sondern vor allem auch die notwendigen Zeit-Räume. Noch immer werden operativen Themen bereitwillig größere Zeitanteile eingeräumt als strategischen, zu denen auch Innovation gehört. Der Klassiker unter den positiven Beispielen: Das Neusser Unternehmen 3M ermöglicht es seinen Mitarbeitern, 15 Prozent ihrer Arbeitszeit für eigene Projekte und Ideen zu verwenden. Daraus entstanden zum Beispiel die Post-it-Haftnotizen.

Die Fähigkeit und die Gelegenheit zur Reflexion bilden zusammen eine hervorragende Grundlage für Innovationen. Das Plädoyer ist also, diese Gelegenheiten bewusst und häufig zu schaffen, indem Zeit zur Reflexion und Raum zur Innovation gegeben wird. Dazu gehören der Spaziergang durch Wald und Felder, das entspannte Gespräch mit Freunden oder Kollegen, der Besuch von Kongressen, Vorträgen oder Diskussionen und ganz sicher auch das zeitweise Abschalten von Blackberry und Smartphone.

Übrigens: Als am 14. Februar 1981 »Wetten, dass …?« mit Frank Elstner auf Sendung ging, war das die Innovation in Sachen Samstagabendunterhaltung. Man sagt, Frank Elstner habe die Idee zu dieser Show geträumt. Vielleicht war Elstner in der glücklichen Lage, seine Traumzeit für die Entwicklung von Innovationen nutzen zu können.

4 Innovativ in der Krise

Auf den ersten Blick erscheint unverständlich, warum Innovationssprünge auch in Krisenzeiten zu beobachten sind und somit der von Regina Mehler beschriebene Phönix-Effekt auftritt. Bei genauerem Hinsehen aber lässt sich feststellen, dass die Umstände einer Krise Innovationen in besonderem Maß begünstigen, denn:

- Es besteht hoher Veränderungsdruck.
- Die Bereitschaft, neue Wege zu gehen, nimmt zu.
- Entscheidungen fallen schneller.
- In Krisen besteht erhöhte Bereitschaft zu personelle und organisatorischen Veränderungen.
- Oftmals werden Teams außerhalb der sonstigen Organisation (Task Force) gebildet – meist heterogen, zumindest aber funktionsübergreifend zusammengesetzt.
- Die Umsetzungswahrscheinlichkeit unkonventioneller Lösungen steigt.

Innovationen werden also nicht nur geschaffen, sie setzen sich auch mit höherer Wahrscheinlichkeit durch. Das beschreibt im Prinzip bereits Charles Darwin mit seiner Aussage, dass weder der Stärkere noch der Intelligentere überlebe, sondern derjenige, der am besten in der Lage ist, sich Veränderungen anzupassen. Ein Beispiel aus der Wirtschaft von heute gefällig? Sehen Sie sich die Entwicklung der Firma Lanxess an: Sie entwickelte sich vom »Sammelsurium aus überwiegend defizitären Geschäften, die der Bayer-Konzern nicht mehr wollte«, zum »Spezialchemieanbieter« mit »neuen Märkten, technologischer Führerschaft und Globalität« (Axel Heitmann, Vorstandsvorsitzender der Lanxess AG im »managermagazin« 07/2010).

5 Innovationsstrategie

Laut Klaus Doppler, Unternehmensberater und Change-Management-Experte, ist die Innovation die Zwillingsschwester der Anpassung. Sie kann aber nicht einfach verordnet werden, sondern muss sich entwickeln können (»Führen in Zeiten der Veränderung«, in: »ZOE – Zeitschrift für OrganisationsEntwicklung« 1/06).

Viele Faktoren begünstigen Innovation – einige davon haben wir kurz beleuchtet. Entscheidend wird sein, dass Thema Innovation als strategischen Wettbewerbsfaktor im systemischen Gesamtzusammenhang zu betrachten und konsequent an den Rahmenbedingungen zur Begünstigung der Innovationsfähigkeit zu arbeiten.

Wenn wir glauben, dass mehr Frauen in Führungspositionen, mehr internationale Partizipation in Entscheiderteams, sprich: mehr Vielfalt im Allgemeinen die Motivation zur Innovation schafft, dann müssen konsequenterweise fördernde Rahmenbedingungen geschaffen werden: Führung in Teilzeit, flexible Arbeitszeiten, Möglichkeit zu Home Office oder zu virtueller Zusammenarbeit mit ausgewogener Mischung von Teamzeit und Zeit zur Reflexion seien nur beispielhaft angeführt.

Die Strategie, Teams nach dem Motto »mehr Desselben« zu verstärken, ist ein lokal beschränkter Ansatz; sie hat in unserer globalisierten Welt ausgedient.

Gemeinsame Ziele, gemeinsamer Erfolg

»Alignment« oder: Die ideale Zusammenarbeit zwischen Marketing und Vertrieb

Durch die Finanz- und Wirtschaftskrise der Jahre 2008 und 2009 hat sich das Projektgeschäft in der Softwarebranche – wie vermutlich auch in anderen – verändert. Während man im Enterprisegeschäft früher große Projekte verhandelte, sind es heute mehrere kleinere, meist in gestaffelter Reihenfolge mit einem Pilotprojekt als Auftakt. Dessen Verlauf wird vom Kunden kritisch verfolgt und erst, wenn es richtig gut läuft, denkt man über weitere Schritte nach.

Auch hinsichtlich der Ergebnisse ist der Kunde anspruchsvoller geworden. Er will nicht Software kaufen oder Lösungen. Er will den konkreten Mehrwert für sein Geschäft sehen und verstehen – und das möglichst rasch nach Projektbeginn.

Kurzum: Die Entscheider sind anspruchsvoller und vorsichtiger geworden. Sie müssen mit kleineren Budgets auskommen und stehen mehr denn je unter dem Druck, ihr Budget optimal zu investieren. Daher geben sie das Geld in kleineren Portionen aus und achten mehr denn je darauf, dass sie es auch »richtig« investieren.

So ist das Verkaufen von Software und von einer Vielzahl anderer Produkte aufwändiger geworden. Daher muss nicht nur der Vertrieb umdenken, sondern auch das Marketingteam. Entsprechend dem kleinteiligeren Verkaufsprozess, an dem in der Regel mehr Personen als Entscheider beteiligt sind, müssen auch Kampagnen stärker segmentiert und auf mehrere Zielgruppen ausgerichtet werden. Das ist natürlich mit Mehraufwand verbunden.

Zugleich sind während der Krise nicht nur die IT-Budgets,

> »Das eigentliche Ziel des Marketings ist, das Verkaufen überflüssig zu machen. Das Ziel des Marketings ist, den Kunden und seine Bedürfnisse derart gut zu verstehen, dass das daraus entwickelte Produkt genau passt und sich daher selbst verkauft.«
>
> PETER F. DRUCKER

sondern auch die Marketingbudgets und -teams geschrumpft. Mehr Arbeit mit weniger Leuten und kleineren Budgets: Diesbezüglich befinden sich die Marketingleiter mit anderen Abteilungsleitern im selben Boot.

Umso mehr Effizienz ist auch im Marketing gefragt. Jede Kampagne muss ein optimales Ergebnis bringen, denn das Geld für Aktionen ist knapp bemessen. Damit aber die Kampagne möglichst passgenau ist, muss Marketing nah am Kunden agieren und wissen, was er will. Denn nur dann kann das Team die Kampagne und deren Botschaft, das Messaging, optimal auf die jeweilige Zielgruppe abstimmen.

Damit dies gelingt, benötigt Marketing möglichst fundierte Informationen über den Kunden. Welchen Bedarf hat der Kunde? Welche speziellen Interessen? Was hat er in der Vergangenheit gekauft? Auf welchen Aspekten basieren seine Kaufentscheidungen? Mit all diesen Fragen und deren Beantwortung erleben Customer Relationship Management (CRM) und Business Information (BI) einen Boom. Nicht nur in der Softwareindustrie, sondern bei jedem Telekommunikationsanbieter, jeder Versicherung, jedem Onlineshop oder Kaufhaus. (Schauen Sie einmal, wie viele Kundenkarten sich in Ihrer Geldbörse finden, über die man Ihr Konsumverhalten erfasst. Und haben Sie bereits registriert, wie viele E-Mails Amazon Ihnen sendet, weil man dort anhand Ihrer Bestellungen ermittelt, welchen Buch- oder Musikgeschmack Sie haben?)

CRM oder BI sind eine von vielen Möglichkeiten, Informationen über den Kunden zu sammeln. Für uns Marketiers im komplexen IT-Enterprise-Geschäft aber reichen sie nicht aus. Denn unsere Aufgabe ist es, das überaus komplexe Geschäft unserer Kunden und ihren Bedarf an Unterstützung durch Softwarelösungen zu verstehen.Und das lässt sich nicht anhand einiger knapper Daten erfassen. Stattdessen sind wir im Enterprisemarketing gefragt und gefordert, ein fundiertes Verständnis für die Belange unserer Kunden aufzubauen. Und das geschieht idealerweise durch die enge Zusammenarbeit mit dem Kunden – und mit dem Vertrieb.

Wenn kurz und lang nicht gut zusammenpassen

Nichts liegt also näher als die Kooperation von Marketing und Vertrieb, bei der beide Seiten einander darüber informieren, was der Kunde braucht, wie man ihn erreicht und mit welchen Botschaften man an ihn herangehen will. Doch in vielen Unternehmen ist die konstruktive Zusammenarbeit von Marketing und Vertrieb keine Selbstverständlichkeit. Im Gegenteil: Manchmal arbeiten die Mitarbeiter beider Bereiche aneinander vorbei und manchmal gibt es sogar eine Art tradierter Unstimmigkeit.

Der Grund für solche Holperigkeiten liegt meist darin, dass das Verständnis für einander fehlt. Und das mangelnde Verständnis geht wiederum darauf zurück, dass man zu wenig miteinander spricht. Ein weiteres Konfliktpotenzial zwischen Marketing und Vertrieb liegt darin, dass man grundlegend verschiedene Planungshorizonte hat: Auch wenn der Verkaufszyklus bei großen Projekten mehrere Monate und sogar mehr als ein Jahr umfasst, orientiert sich der Vertrieb zumeist an Quartalsvorgaben. Entsprechend kurzfristig wird daher zu Quartalsende versucht, »schnelle« Umsätze einzufahren. Sprich: Der Vertrieb handelt »auf Sicht« und denkt in Quartalszahlen, während man im Marketing längerfristig plant.

Denn Aufgabe des Marketings ist es, Interesse und Aufmerksamkeit für ein Unternehmen oder ein Produkt zu erzeugen und so eine (steigende) Nachfrage zu generieren. Das erfordert nachhaltiges Agieren sowie langfristiges und strategisches Denken ist gefragt. Und unter Umständen setzen Marketingkonzepte fundierte Analysen voraus. So kommt es nicht selten zum Konflikt. Beispielsweise wünscht sich der Vertrieb eine schnelle Marketingaktion zum Quartalsende, um seine Umsatzziele zu erreichen. Die langfristig denkenden Marketingfachleute aber wollen dafür kein Geld investieren. Oder der Vertrieb möchte – schnell! – eine neue Zielgruppe ansprechen. Im Marketing ist man einverstanden, möchte aber zunächst solide analysieren und konzipieren, was dem ungeduldigen Vertrieb zu lange dauert. Dort fragt man sich, warum die Leute vom Marketing so lang brauchen und was sie eigentlich die ganze Zeit tun.

Richtig schwierig wird es, wenn das Marketingteam komplexe Kampagnen entwirft, diese aber im Vorfeld nicht mit dem Vertrieb abstimmt. Versteht der Vertrieb die Botschaft der Kampagne nicht oder meint er, sie funktioniere nicht, und wandelt sie daher inhaltlich ab, scheitert unter Umständen die gesamte Marketingaktion. Statt mit »One voice to the market« geht die Kampagne ins Leere. Denn wenn der Kunde per E-Mail, Video oder Broschüre eine andere Botschaft erhält als vom Vertrieb, wird die Lösung oder das Produkt ihn nicht überzeugen. In der Tat enden viele Kampagnen mit einer solchen Verwirrung aller Beteiligten.

Nicht zuletzt besteht im Vertrieb häufig das Vorurteil, dass im Marketing die Mädels sitzen, die Häppchen für Events bestellen und auf Anfrage die neuesten Produktbroschüren aushändigen. Ein Vorurteil, mit dem jeder Marketingchef gründlich aufräumen muss, bevor er erfolgreich arbeiten kann.

Vorurteile, Missverständnisse oder Konflikte – wie in anderen Lebensbereichen auch lassen sich vermeiden, wenn man kooperiert und sich kontinuierlich austauscht. Sind Marketing beziehungsweise Vertrieb jeweils über Ziele, Pläne und Maßnahmen der anderen Seite informiert, kann man mitdenken und mithandeln. Dann können beide Seiten einander »die Bälle zuspielen« und gemeinsam Umsatz generieren. Bei alledem ist es für das Marketingteam besonders wichtig, das Knowhow des Vertriebs zu nutzen. Der Vertrieb weiß, wie der Kunde tickt und was er braucht, und ist daher eine wertvolle Informationsquelle. Doch das Marketing soll den Vertrieb nicht als reinen Informationsgeber betrachten. Umgekehrt sind die Marketiers in der Pflicht, den Vertrieb zu informieren – über

Aktionen, Kampagnen, Erkenntnisse aus Marktanalysen und direktem Kundenfeedback.

Partnerübungen

Die ideale Zusammenarbeit zwischen Marketing und Vertrieb sieht folgendermaßen aus: Zu Beginn eines Planungsjahres setzen sich die Beteiligten beider Bereiche zusammen und definieren, auf welchen Märkten und mit welchen Produkten sie gemeinsam welche Ziele erreichen wollen. Dies ist die Basis einer jeden strategischen Go-to-Market-Planung. Sind Märkte, Produkte und die jeweiligen Umsatzziele definiert, konzipiert das Marketingteam die inhaltliche Herangehensweise. Ist diese im Groben skizziert, erfolgt die nächste Abstimmrunde. Bei einem »Go« geht das Marketingteam in die nächste Stufe der Positionierungsdefinition. (Andernfalls beginnt der Prozess wieder von vorn.)

Sind die Inhalte der nächsten Vorgehensstufe erarbeitet, folgt eine erneute Abstimmrunde. Hier kann unter Umständen bereits die erste Testrunde beginnen, in der der Vertrieb das »Messaging«, sprich: die Verkaufsbotschaft, live beim Kunden testet. Bei großen Kampagnen ist dies unabdingbar, denn niemand will eine strategische Kampagne durchführen, die über mehrere Monate oder Quartale läuft, aber am Kunden vorbeikommuniziert. Dieses erste Kundenfeedback ist für das Marketingteam eine extrem wichtige Informationsquelle darüber, ob das Messaging überhaupt funktioniert.

Aufgrund solcher Tests ist es möglich, Kampagnen in einem ausreichend frühen Stadium zu modifizieren und die Feinjustierung durchzuführen. Nur so bekommt der Vertrieb das, was er braucht: Eine Kampagne, die den Kunden gezielt anspricht und die geeignet ist, Nachfrage zu generieren.

Wenn die Zielkunden das Messaging verstehen und sich davon angesprochen fühlen, beginnt das Marketing mit dem inhaltlichen Feinschliff und der grafischen Umsetzung. Parallel dazu wird gemeinsam mit den Produktmanagern oder den Business Development Managern an sogenannten Sales Enablement Tools gearbeitet. Dabei handelt es sich um die Materialien, die vor dem Lancieren einer Kampagne allen Mitarbeitern des Vertriebs – oder noch besser allen Mitarbeitern des Unternehmens – zur Verfügung gestellt werden sollten, damit jeder weiß, dass es die Kampagne gibt und welchen Zweck sie verfolgt. Diese Enablement Tools helfen den Mitarbeitern, die Kampagne in ihrem Umfeld zu kommunizieren.

Das Enablement-Paket beinhaltet Kundenpräsentationen und Unterlagen, die erklären, welches Ziel die Kampagne verfolgt und welches Messaging für welche Zielgruppe gedacht ist. Die Pakete dienen dazu, die Kampagne zu erklären und die Mitarbeiter dafür zu begeistern. Schließlich sind die Kollegen die besten Botschafter für die Positionierung nach draußen. Ich würde sogar noch einen Schritt weiter gehen und behaupten: Der Sales-Enablement-Prozess ist mindestens genau so wichtig wie die Kampagne selbst.

Raus aus dem Elfenbeinturm

> »Wer nicht ständig im Gespräch mit dem Kunden ist, hat am Markt bald nichts mehr zu sagen.«
> HORST SKOLUDEK

Die Kooperation mit dem Vertrieb ist ein erster Schritt, um näher am Markt zu sein. Der zweite Weg funktioniert noch unmittelbarer, nämlich durch das Gespräch mit dem Kunden.

So sollte der Marketingmanager regelmäßig mit dem Vertrieb zum Kunden gehen. Denn erst im persönlichen Gespräch bekommt er ein Gespür für die Situation und den Bedarf des Kunden. Ein Marketingmanager, der nie an einem Kundengespräch teilgenommen hat, ist ein Theoretiker und wird sich schwer tun, kundennahe Botschaften zu formulieren. Selbst wenn Marketing und Vertrieb eng kooperieren – ohne direkten Kundenkontakt agiert man wie im Elfenbeinturm. Denn es ist ein Unterschied, ob man aus zweiter oder aus erster Hand erfährt, mit welchen Fragen sich der Kunde befasst, was ihn bewegt, welche Themen ihn beschäftigen. Erst im unmittelbaren Kontakt entsteht das Gefühl dafür, was der Kunde braucht und wie man ihm bei einer Problemstellung zur Lösung verhelfen kann.

In Gesprächen mit dem Kunden erfahren Sie auch, wie detailliert er über Ihr Produktportfolio und Ihr Unternehmen informiert ist und welche Informationen ihm fehlen. Sie erfahren, wie der Vertrieb das Unternehmen und die Produkte positioniert, wie er auf die Bedürfnisse des Kunden eingeht – und können ihn somit noch besser unterstützen. Und im schlimmsten – oder besten – Fall lernt der Marketier im Kundengespräch, dass man bislang völlig an den Kundenbedürfnissen vorbeikommuniziert hat.

Wer als Marketier nie direkt mit dem Kunden spricht, ist wie ein Skilangläufer, der im Sommer auf Rollerskiern trainiert. Er hat zwar Kondition und beherrscht die Technik, ihm fehlt aber das Gefühl für das wahre Langlaufen im Winter, auf echten Skiern, im echten Schnee – und bei Kälte.

Ich selbst suche regelmäßig die Gelegenheit zum Gespräch mit dem Kunden. Dabei ist es mir wichtig, meine Ansprechpartner nicht nur einmal, sondern mehrfach zu treffen. Denn natürlich bringt jedes Gespräch neue Erkenntnisse und vertieft mein Verständnis für die Situation meines Gegenübers. Das gilt nicht nur für das Verkaufsgespräch. Genau so interessant ist es, bei einem Case-Study-Interview zuzuhören oder sich im Rahmen eines Events mit dem Kunden auszutauschen. Beides eröffnet neue Perspektiven und bringt wiederum andere Aspekte zum Vorschein.

Fisch-Kampagnen

»Der Wurm muss dem Fisch schmecken und nicht dem Angler.« – Dieser Spruch ist zwar altmodisch, aber nach wie vor zutreffend. Dennoch tappen Marketiers gerne in die Falle, ihre Kampagnen nicht am Markt, sondern an internen Vorgaben und Wünschen auszurichten.

So funktionierte bei einem meiner früheren Arbeitgeber Marketing anfangs wie folgt: Das Headquarter in den USA gab uns Kampagnen vor, die wir lokal zu adaptieren hatten. Darin waren wir richtig gut – dachten wir im Marketing. Doch sobald wir die Ergebnisse unserer Adaption dem lokalen Vertrieb präsentierten, machte sich Ablehnung breit. Der Vertrieb war nicht nur skeptisch, sondern manchmal sogar sauer. »Marketing versucht einmal mehr, uns zu erklären, wie der Kunde tickt, hat aber im Prinzip keine Ahnung davon, wie es in Welt da draußen wirklich aussieht«, begründeten die Kollegen ihre ablehnende Haltung.

Der Konflikt war entstanden, weil man sich zu wenig ausgetauscht hatte: Im Laufe der Zeit hatte das Marketingteam (im Headquarter wie regional) eine eigene Interpretation der Märkte entwickelt. Weil die Kopplung an den Vertrieb und an den Markt fehlte, zielten die Kampagnen in der Tat oft haarscharf am Bedarf des Marktes vorbei.

Unser Weg, das Problem zu lösen, begann mit einer neuen Zielvereinbarung: Jeder Marketingmanager sollte pro Quartal mindestens drei Kundenbesuche absolvieren bzw. den Vertrieb bei Terminen begleiten. So gab es genug Gelegenheit, für geplante Kampagnen marktfrisches Feedback abzuholen. Außerdem erlebten wir unsere Vertriebskollegen in der Präsentation beim Kunden, wodurch wir erfuhren, dass sie die Botschaften oft gar nicht wie gewünscht kommunizierten, sondern das vom Marketing erdachte Messaging modifizierten, weil die Inhalte nicht treffend waren oder schlichtweg falsch verstanden wurden.

Rapide verbesserte sich unser Verständnis dafür, welche Nachrichten beim Kunden funktionieren und welche nicht. Schon bald merkten wir, dass nicht nur unsere Marketingbotschaften, sondern auch unsere Sales Enablement Tools zu kompliziert und zu umfangreich waren. Also speckten wir sie ab und formulierten sie einfacher. Außerdem nahmen wir dem Vertrieb, jetzt, da wir selbst direkte Kundenkontakte besaßen, die Aufgabe ab, dort Marketinganfragen zu stellen, etwa im Rahmen von Schlussbesprechung erfolgreicher Projekte. Sie sind die ideale Gelegenheit für den Marketier, den Kunden als Referenz in Form eines schriftlichen Anwenderberichts oder sogar als Sprecher zu gewinnen.

Fünf Profitipps, wie Sie als Marketier Business Advisor im eigenen Unternehmen werden:
- Nehmen Sie an Vertriebsmeetings teil, um zu verstehen, mit welchen Herausforderungen sich Ihre Kollegen im Vertrieb befassen.
- Konzipieren Sie strategische Projekte, mit denen Sie das gemeinsame Ziel schneller und effizienter erreichen können. Und messen Sie den Beitrag des Marketingteams an der Zielerreichung.
- Nehmen Sie an den Geschäftsleitungssitzungen teil, denn Marketing ist ein strategisches Investment für jedes Unternehmen. Demnach muss Marketing die Ausrichtung und strategische Planung eines Unternehmens mit beeinflussen.
- Kommunizieren Sie die erreichten Ziele und somit den Einfluss des Marketings auf den Vertriebserfolg. Und dies bitte regelmäßig.
- Kommunizieren Sie Fakten, Fakten, Fakten. (Sprechen Sie nicht von »mehr«, »größer«, »viele«.)

Sechs Tipps für ein informatives Kundengespräch:
- Bei einem Gespräch mit dem Kunden steht der Kunde im Mittelpunkt: Erkundigen Sie sich also nach dem Stand der aktuellen Zusammenarbeit, dem Verlauf des Projektes oder dem Einsatz der Produkte Ihres Unternehmens. Bitten Sie den Kunden um differenziertes Feedback: Fragen Sie ihn, womit er zufrieden ist – und womit nicht.

- Versuchen Sie herauszuhören, welcher Typ Mensch Ihr Ansprechpartner ist. Wenn er erfolgsorientiert und zielstrebig ist, wird er vielleicht dafür offen sein, sich mittels Referenzen ins rechte Licht zu setzen. Hier liegt Ihre Chance, eine gute Referenz auf die Beine zu stellen.
- Bitten Sie den Kunden um seine Meinung zur jüngst gelaufenen Kampagnen Ihres Hauses. Wie kam sie an? Was hat ihn angesprochen? Was nicht?
- Falls es eine aktuelle Eventplanung gibt und diese für den Kunden interessant sein könnte, laden Sie ihn persönlich dazu ein.
- Vereinbaren Sie in jedem Gespräch einen Folgetermin.
- Bauen Sie zu einigen ausgewählten Kunden einen besonders guten Kontakt auf, den Sie nutzen können, um Meinungen zu geplanten Kampagnen im Vorfeld eines Launches einzuholen.

»Volle Kraft Richtung Erfolg«

Von Sonja Sulzmaier

Alignment ist ein Begriff aus der Biologie und beschreibt ein Verhalten, das in natürlichen Schwärmen auftritt. Er besagt, dass ein Individuum sich an der Bewegungsrichtung seiner Nachbarn orientiert. Das Phänomen beispielsweise, dass sich ein Schwarm nach einem Angriff durch einen Feind schnell und kompakt neu ordnen kann, beruht auf dem Alignmentverhalten der Individuen.[1] Dabei reagiert jedes Individuum auf die Richtungsänderungen der Nachbarn. So können zum Beispiel Heringsschwärme jeden Richtungswechsel als Einheit vollziehen, auch wenn sie noch so oft von jagenden Delfinen oder Orkas angegriffen werden. So erhöht das Alignment die Wahrscheinlichkeit dafür, dass der einzelne Hering einen Angriff überlebt. Dabei muss sich der einzelne Fisch nur auf eine bestimmte Anzahl seiner Nachbarn konzentrieren. Der Schwarm hingegen nimmt in Summe viele Nachbarn und Umweltveränderungen wahr und ermöglicht die schnelle Neuorientierung einer Einheit.

Alignment bedeutet also, die Bewegungsrichtung zu koordinieren. Ein Vorhaben, das den Heringen perfekt gelingt, in Unternehmen jedoch gar nicht so einfach ist, weil dort die Akteure meist verschiedene Zielrichtungen und Erfolgsbewertungen haben. So auch Marketing, Produktmarketing und Vertrieb: Marketing blickt mit einer übergreifenden Brille auf das Produkt- und Dienstleistungsportfolio des Unternehmens und richtet sich an mittel- bis langfristigen Zielen aus. Das Produktmarketing geht einzelprojekt- oder produkt- beziehungsweise einzelkundensegmentorientiert vor. Der Vertrieb hingegen wird am monatlichen Auftragseingang beziehungsweise Umsatz gemessen, weshalb er sich mehr daran als an der strategischen Stoßrichtung orientiert. Es ist also kein Wunder, wenn in (IT-)Unternehmen die Marketing- und Vertriebsaktivitäten auseinanderlaufen.

Doch damit das gesamte Potenzial der Aktivitäten ausgeschöpft wird, bedarf es des Alignments der Tätigkeiten von Marketing, Produktmarketing und Vertrieb. Im schlimmsten Fall können sich gegenläufige Aktivitäten von Marketing und Vertrieb sogar negativ auswirken. Ein Beispiel dafür ist die Markenkommunikation. Erst wenn der Vertrieb als »Markenbotschafter« agiert und die Marke aktiv beim Kunden positioniert, wird das Markenmanagement erfolgreich sein. Und nur wenn das Marketing durch den Vertrieb erfährt, wie der Kunde tickt, werden die Botschaften einer Kampagne zum Erfolg führen. Das Marketing ist auf die Vertriebsmitarbeiter angewiesen – bei der Formulierung der Botschaften für Kundensegmente und zur Verbreitung der Kampagne. Wenn dies nicht funktioniert und Vertriebsmitarbeiter andere Botschaften zum Kunden tragen, wird die Marke verwässert, ein »Bauchladenimage« entsteht und die Marke selbst kann in ihrer Glaubwürdigkeit Schaden nehmen.

Und umgekehrt ist der Vertrieb auf das Marketing angewiesen. Bleiben wir beim Beispiel Markenkommunikation: Diese bietet Orientierung und Differenzierungspotenzial gegenüber dem Wettbewerb, ist Türöffner beim Kunden und unterstützt die Vertriebsmitarbeiter mit geeigneten Botschaften für den Kunden.

Welche Maßnahmen können Sie ergreifen, um das Alignment von Marketing und Vertrieb zu verbessern? Antworten auf diese Frage geben Ihnen die folgenden acht Kernanforderungen eines Alignments sowie Praxistipps für deren erfolgreiche Umsetzung.

Alignment erhöht die Wahrscheinlichkeit des Überlebens

▪ Kontinuierlich abgleichen

Damit das Alignment überhaupt funktionieren kann, ist ein laufender Austausch zwischen Marketing und Vertrieb erforderlich. Wie kann dieser Austausch in der Praxis gestaltet werden? Der erste wesentliche Schritt besteht in einer *gemeinsamen Go-to-Market-Planung*, die Ziele, Marktsegmente, Leistungsportfolio sowie Vertriebs- und Marketingaktivitäten segmentspezifisch definiert und einen verbindlichen Zeitplan für alle Aktivitäten festlegt. Denn wenn Marketing- und Vertriebsaktivitäten nicht zeitlich aufeinander abgestimmt sind, kann es sein, dass viel Engagement zu gar nichts führt. Aufbauend auf einer gemeinsamen Go-to-Market-Planung ist der *kontinuierliche Abgleich aktueller Tätigkeitsschwerpunkte* für das Alignment essenziell. Hier bietet sich die Teilnahme des Marketings an Vertriebsmeetings an. Jedes Vertriebsmeeting wird Ideen hervorbringen, mit denen das Marketingteam die Vertriebskollegen unterstützen kann und umgekehrt. Die Marketingkollegen können beispielsweise mit Marktanalysen, einem laufenden Trendscouting oder dem Screening relevanter Medien wichtige Informationen für Produktmarketing und Vertrieb bereitstellen. Gleichzeitig kann man bei den regelmäßig stattfindenden Treffen Marketingziele, Aktivitäten und Kampagnen vorstellen und abstimmen und die frühzeitige Einbeziehung des Vertriebs sicherstellen. Sinnvoll kann es auch sein, *gemeinsame Plattformen* für den stetigen Austausch zu schaffen. Und das geht weit über ein gemeinsames *Customer Relationship Management-System* (CRM-System) hinaus. Die Nutzung von Unternehmenswikis und Marktmonitoringplattformen etwa sind zwei Möglichkeiten, das Alignment zu fördern, sodass Marketing und Vertrieb als Einheit agieren.

■ Gemeinsame Ziele im Business Development verfolgen

Bei all ihren Aktivitäten sollten Marketing und Vertrieb den Bezug zur Unternehmensstrategie und zum *Business Development* im Blick behalten. Vermeintliche Zielkonflikte können häufig durch die Strategiebrille sehr einfach aufgelöst werden. Geeignete Balanced Scorecards können hier eine sinnvolle Unterstützung leisten. Business Development sollte darüber hinaus eine der wesentlichen Aufgaben sowohl des Marketings als auch des Vertriebs sein, denn hier werden mögliche Absatzmärkte und Leistungsportfolios analysiert, zukünftige Geschäfte angebahnt und neue Geschäftsmodelle entworfen.

Das Involvement in Business Development kann zur gemeinsamen Zielorientierung ganz entscheidend beitragen. Denn im Vertrieb kann aufgrund der oft kurzfristigen Orientierung das Langfristziel aus dem Blickfeld geraten. Das Marketing wiederum ist allzu oft nicht in die Geschäftsentwicklung eingebunden und häufig nur für die Generierung einer »ansprechenden, einheitlichen Werbe-Oberfläche« zuständig. Das Involvement von Vertrieb und Marketing in das Business Development ist jedoch zentral, sonst besteht Gefahr, dass Innovationen am Markt und den Kunden vorbeizielen. Business Development ist also häufig der »Missing Link«, aus dem sich auch viele gemeinsame Themen ergeben. Sinnvoll kann beispielsweise auch eine organisatorische Verankerung des Marketings im Business Development sein.

Somit legt man im Business Development die grundsätzliche Schwimmrichtung fest, an der sich alle orientieren – und Kurven und Richtungswechsel werden von allen mitgetragen.

■ Am Kunden orientieren

Neben der gemeinsamen strategischen Stoßrichtung im Business Development ist die Markt- und Kundenorientierung eine weitere wichtige Anforderung, die es umzusetzen gilt, wenn Marketing und Vertrieb das »Alignment« leben wollen. Der Vertrieb ist meist sehr nah am einzelnen Kunden und kann hier sehr wertvolle Information in die Planung und Umsetzung von Marketingaktivitäten einbringen. Das Marketing dagegen kann nicht nur entsprechende Marktanalysen umsetzen, sondern für den Vertrieb im Umfeld der Marktsegmentierung und der Erklärung von segmentspezifischem Verhalten eine wichtige strukturierende Funktion einnehmen. Gut funktionierende *CRM-Systeme* können hier für die Marktsegmentierung wichtige Hinweise liefern und sind eine wertvolle Quelle zur Information über einzelne Kundenbeziehungen. Insbesondere im »produktnahen« IT-Geschäft können CRM-Systeme sehr genau Aufschluss darüber geben, welche Maßnahmen des Vertriebs und des Marketings erfolgreich sind und welche Aktivitäten nicht funktionieren. Eine gemeinsame Auswertung zählt hier zu den Pflichtübungen eines erfolgreichen Alignments.

Darüber hinaus ist der *direkte Kontakt zum Kunden* auch für das Marketing ein Muss. Und diese Kontakte sollten nicht nur auf Messen und Events stattfinden, sondern auch Treffen mit Schlüsselkunden des Unternehmens umfassen. Die möglichen Gesprächsthemen sind vielfältig: So können – neben Zufriedenheitsanalysen und Zukunftsworkshops – die Kunden auch direkt in die Entwicklung der Marketingstrategie (etwa für eine neue Marke) eingebunden werden. Weitere Verbindungspunkte mit dem Kunden können durch gemeinsame Vermarktungs- und PR-Maßnahmen, die Teilnahme an Wettbewerben oder auch gemeinsame Vorträge auf wichtigen Konferenzen geschaffen werden. Über diese Aktivitäten erhält das Marketing zusätzlich Einblick in die Welt des Kunden und kann daraufhin Mehrwert in die Kundenbeziehung einbringen, der Wettbewerbsvorteile schafft.

▪ Customizing

Sales geht meist produkt- und kundensegmentspezifisch vor und agiert im IT-Umfeld oft einzelprojektorientiert. Die Perspektive des Marketings hingegen ist »projektübergreifend« und hat die Gesamtbotschaft im Blick. Damit geplante Marketingaktivitäten von den Sales-Mitarbeitern verstanden und unmittelbar eingesetzt werden können, ist das entsprechende *Customizing von Aktivitäten auf die Kundensegmente und Produkte* eine der Voraussetzungen eines erfolgreichen Alignments. Das Verständnis wird erhöht und der Mehrwert, den die Marketingunterstützung leisten kann, wird transparent.

Darüber hinaus gibt es Aktivitäten, die direkt an der Schnittstelle zwischen Marketing und Vertrieb liegen. Hierzu zählen Direktmarketingaktivitäten. *Kundensegmentspezifische Direktmarketingaktionen* werden von Sales-Mitarbeitern als wichtige Unterstützung wahrgenommen. Und wenn man erst einmal die Erfahrung gemacht hat, dass sich auch im Business-to-Business-Umfeld aus einem Mailing oder E-Mailing Projekte generieren lassen, dann wäre es unklug, diese Gelegenheit nicht zu nutzen. In diesem Umfeld sind entsprechende CRM-Systeme, die ein segmentspezifisches, individualisiertes Vorgehen ermöglichen, unerlässlich.

■ Service, Service und noch mal Service bieten

Die Serviceorientierung des Marketings ist in IT-Unternehmen einer der wesentlichen Hebel für die Akzeptanz des strategischen und operativen Marketings im Unternehmen. Eine von oben aufoktroyierte Werbekampagne wird in der Regel erfolglos bleiben, wenn der Vertrieb nicht dahintersteht.

Service, Service und noch mal Service – was kann das sein? Das setzt an den alltäglichen Tätigkeiten des Vertriebs an, die stark variieren können. Dazu gehören beispielsweise das Filtern von Ausschreibungen, Direktmarketingaktionen, Teilnahme an Konferenzen, die Erstellung von Angeboten, Präsentationen beim Kunden. Das Marketing kann hier beispielsweise einen *modularen Angebotsbaukasten* bereitstellen, der den Vertriebsmitarbeitern viel Zeit spart. Bestandteile eines solchen Baukastens sind auf Knopfdruck abrufbare Projektreferenzen in mehreren Sprachen, Standardtexte zum Unternehmen und den Geschäftsbereichen, Produktdatenblätter in mehreren Sprachen. In einigen Unternehmen ist das Marketing als Dienstleister im Ausschreibungsscreening tätig – dies stellt gleichzeitig sicher, dass das Marketing immer am Puls der Zeit ist. Ein wichtiger Baustein eines solchen Baukastens kann auch eine modular aufgebaute Präsentationsvorlage sein, die den Vertriebsmitarbeitern ermöglicht, in sehr kurzer Zeit professionelle Präsentationen zu erstellen, und gleichzeitig gewährleistet, dass Präsentationen die Corporate-Design-Vorgaben erfüllen.

■ KISS – Keep-it-simple and self-explanatory

Die KISS-Formel ist immer wieder eines der wesentlichen Erfolgsrezepte – und dies in mehrfacher Weise. Wenn Aktivitäten des Marketings zur *Arbeitserleichte-*

rung des Vertriebs beitragen, so werden diese unmittelbar angenommen. Auch hier ist wieder das Beispiel von oben treffend. Eine einfach zu bedienende, modulare Präsentationsvorlage stellt eine Arbeitserleichterung für die Vertriebsmitarbeiter dar und wird deshalb dankbar angenommen.

Darüber hinaus sollte man die KISS-Formel bei jeder Marketingkommunikation beachten. *Einfache Botschaften*, die unmittelbar verstanden und einfach zu transportieren sind, werden eher angenommen und auch meist unverfälscht weitergegeben. Die Botschaften kommen dann auch richtig beim Kunden an.

■ SALES-AKTIVITÄTEN VERMARKTEN

»Die Aufmerksamkeit anderer Menschen ist die unwiderstehlichste aller Drogen.«[2] Dies kann sich das Marketing in IT-Unternehmen zu Herzen nehmen und die Sales-Kollegen bei der internen und externen Vermarktung der Vertriebsergebnisse unterstützen und so Themen und Personen zu Aufmerksamkeit verhelfen. Wenn Sie Ihren Vertriebskollegen bei der Vermarktung seiner eigenen Arbeitsergebnisse unterstützen, wird er garantiert nie Nein sagen. Neben der Unterstützung bei der internen Vermarktung von Ergebnissen, können Sie den Vertrieb durch entsprechende Events, PR-Aktivitäten (Interviews, Pressemeldungen, Presse-Events, Kundenmagazin), die Organisation von Vortragsslots auf wichtigen Konferenzen unterstützen. Besonders herausragende Projekte und Aktivitäten eignen sich vielleicht, um sich an entsprechenden Wettbewerben mit hoher Reputation zu beteiligen. Wer dabei einen Preis oder eine Auszeichnung erzielt, gewinnt damit einen Aufmerksamkeitsbonus, der für neue Motivation sorgen wird.

■ Erfolg messen

Dass eine Erfolgsbewertung unerlässlich ist, steht außer Frage. Für das Alignment von Marketing und Sales ist die Definition und Erhebung sinnvoller Erfolgskennzahlen zentral. Leider lässt sich der Nutzen der Marketingarbeit und deren Beitrag zum Unternehmenserfolg nicht oder nur teilweise quantifizieren – während für den Vertrieb die zentralen Erfolgsgrößen Auftragseingang und Umsatz einfach anzugeben sind. Hier gilt es, entsprechende Reportingmöglichkeiten zu generieren, die auch qualitative Messgrößen enthalten. *Balanced Scorecards* sind auch hier gut einsetzbar. *Mögliche Messgrößen des Erfolgs* können neben der Einhaltung von Zielen und vorgegebenen Budgets beispielsweise die Anzahl der generierten Leads, die Umwandlung von Leads in »Prospects« beziehungsweise in »Kunden«, die Response auf bestimmte Kampagnen und Events, die Kundenzufriedenheit oder der Bekanntheitsgrad des Unternehmens beziehungsweise einzelner Marken sein. Der Nutzen von Online-Marketingaktivitäten kann oft unmittelbar ausgewertet werden (Anzahl Nutzer, Klicks, Abschlüsse etc.). Natürlich sollte die Erfolgsmessung auch um die Wettbewerbsperspektive ergänzt werden, durch entsprechende Benchmarks und direkte Vergleiche. So bieten Online-Plattformen vergleichende Presseclippings an, die die Anzahl von Pressemeldungen des Wettbewerbers den eigenen Zahlen gegenüberstellen.

Und die Auswertung der Aktivitäten – auch über das CRM – wird häufig ergeben, dass die gemeinsame Adressierung des aktuellen oder zukünftigen Kunden durch Vertrieb *und* Marketing der Schlüssel zum Erfolg ist – für Kundenakquise und -bindung.

Fazit

Wenn Marketing und Vertrieb auf einer Linie bleiben, dann werden sie gemeinsam mehr Erfolg haben als allein. Ähnlich wie im Fischschwarm werden auch im Unternehmenskontext gut abgestimmte Teams mehr bewegen als hervorragende Einzelspieler, die mit unterschiedlichen Strategien antreten. Aus der Reihe tanzen ist risikoreich und sollte nur im Ausnahmefall erfolgen. Denn in der abgestimmten Vorgehensweise von Marketing und Sales entfalten Vertriebs- und Marketingaktivitäten erst ihre volle Schlagkraft. Bei Umsetzung der acht Kernanforderungen werden Marketing- und Vertriebsaktivitäten nicht nur mehr Wirkung erzielen und schneller auf Umfeldveränderungen reagieren können. Ganz nebenbei werden sich das Verständnis und die Akzeptanz für die Marketingaktivitäten im Unternehmen erheblich verbessern.

---

1 www.wikipedia.de, Stand 3.7.2010
2 Georg Franck: Ökonomie der Aufmerksamkeit: Ein Entwurf. München 1998, Klappentext.

Trommeln in eigener Sache
Wie Sie Ihre Arbeit am besten vermarkten

»Tue Gutes und rede darüber« – das gilt nicht nur in Bezug auf das eigene Unternehmen und dessen Produkte, Leistungen oder Lösungen. Es gilt auch für das Marketing selbst. Der Marketier muss seine Arbeit und sich selbst vermarkten, denn schließlich benötigt er Budget und gute Mitarbeiter, um seine Ziele zu erreichen. Beides bekommt er nur dann, wenn die anderen Entscheider wissen, welchen Beitrag das Marketing zur Erfüllung der Unternehmensziele leistet. Daher müssen Sie es ihnen sagen und das in der Regel mehrfach. Denn Sie wissen ja: Gutes Marketing erfordert Nachhaltigkeit. Erst wenn der Adressat die Botschaft fünf bis sieben Mal erhalten hat, ist sie auch tatsächlich angekommen. Daher sind Ihre Geduld und Ausdauer gefordert, auch wenn Sie es besser fänden, Ihre Zeit unmittelbar in die Marketingprojekte zu investieren.

Betreiben Sie daher systematisches Selbstmarketing mit konsistenten Botschaften, die Sie im Unternehmen kommunizieren, mal detaillierter, mal als Executive Summary.

Wie das Marketing für das Unternehmen als Ganzes hat auch das »Marketing für das Marketing« verschiedene Ansatzpunkte. So, wie Sie im externen Marketing Imagekampagnen einerseits und Marketing für bestimmte Produkte andererseits betreiben, führen Sie auch intern erstens eine permanente Imagekampagne durch und bewerben zweitens ganz gezielt einzelne Projekte.

Bei alledem findet Ihre interne Imagekampagne (fast) immer statt. In Einzelgesprächen, in Meetings oder in Präsentationen sowie darüber hinaus per E-Mail oder im Intranet. Kurz: Ihre Imagekampagne basiert auf einem Mix an Kommunikationskanälen und -situationen, der unterschiedliche Detaillierungsgrade erlaubt beziehungsweise erfordert. Drei PowerPoint-

> »Persönlicher Erfolg ist nicht nur eine Frage der besseren Ideen, sondern meist ein Ergebnis einer wirkungsvollen Präsentation dieser Ideen und damit der eigenen Person.«
> EMIL HIERHOLD

Slides zu aktuellen Projekterfolgen, eine E-Mail über Erreichtes an das Marketingteam, ein monatlicher Newsletter an alle Kollegen, in dem Sie über laufende und künftige Projekte informieren. Investieren Sie hier entsprechend Zeit und Mühe und formulieren Sie stringente Botschaften. Das ist kein überflüssiger Firlefanz, sondern ein wichtiger Teil Ihrer Arbeit. Und dass Sie bei alldem mit möglichst handfesten Fakten argumentieren, versteht sich von selbst.

Manchem Marketier liegt das Selbstmarketing im Blut. Er betreibt es quasi nebenbei, weil es seinem Naturell entspricht, die eigene Person und die eigenen Leistungen zu verkaufen. Manchen gelingt dies auf charmante Art, ohne plump zu wirken und den anderen auf die Nerven zu fallen. Sie gehören nicht zu diesem Typus? Dann befinden Sie sich in guter Gesellschaft. Denn hier gilt wie in anderen Lebensbereichen auch: Nur wenige habe das Talent, aber alle können es lernen. Man muss es nur wollen.

Ich selbst habe Präsentations- und Rhetoriktechniken im Rahmen zahlreicher Trainings erlernt und jahrelang präsentiert, bevor ich mich wirklich sattelfest fühlte. (Eine gewisse Nervosität verspüre ich allerdings heute auch hin und wieder) Und ich empfehle jedem, der sich noch nicht firm fühlt, solche Trainings zu besuchen. Ebenso wichtig wie der Feinschliff beim Präsentieren ist ein Konzept für das interne Marketing, in dem Sie Botschaften formulieren und Kampagnen ausarbeiten, so wie Sie es als Marketier gewohnt sind. Und zu guter Letzt benötigen Sie Ausdauer sowie ein Gefühl für das richtige Maß.

Krisen-PR in eigener Sache

Es ist schön, eigene Erfolge zu vermarkten. Weniger angenehm, aber mindestens genauso wichtig ist es, schlechte Nachrichten rechtzeitig und offen zu kommunizieren: ein Projekt, das nicht zum gewünschten Ergebnis führte, oder die Korrektur einer Kampagne, die auf dem Markt nicht die angestrebte Resonanz gefunden hat. Dieses zeitnahe Verbreiten von »bad news« ist deswegen so wichtig, weil Sie nur dann glaubwürdig sind, wenn Sie Transparenz in Ihre Kommunikation bringen.

Daher vermelde ich Negatives unbedingt proaktiv, auch wenn ich mich mitunter sehr dazu überwinden muss. Sich wegducken und hoffen, dass niemand den Misserfolg bemerkt, funktioniert nicht. Gutes Management erfordert offensives Handeln und offensive Kommunikation erst recht dann, wenn es mal nicht so gut läuft. Denn nur so haben Sie eine Chance, die Nachricht selbst zu steuern und ihr eventuell sogar einen positiven Dreh zu verpassen – wie das folgende Beispiel zeigt:

Zum Launch einer neuen Softwarelösung hatten wir eine ausgefeilte Marketingkampagne entwickelt. Das Produkt erschien uns im Marketing derart komplex, dass wir meinten, es sei nur in fünf fein aufeinander abgestimmten Stufen erfolgreich kommunizierbar. Wir präsentierten das Konzept dem Vertrieb, der es gründlich auseinandernahm. »Zu langwierig und viel zu kompliziert«, ließen die Kollegen verlauten und empfahlen, das Konzept auf drei Stufen zu reduzieren. Doch wir vom Marketing wussten es besser, schließlich hatten wir uns wochenlang damit beschäftigt.

Als wir aber vor Veröffentlichung der Kampagne einen Kundentest durchführten, von dem wir uns Bestätigung und Zuspruch erwarteten, wurden wir eines Besseren belehrt. Auch die Kunden fanden unsere Botschaften zu kompliziert, die Kampagne aufgeblasen, ganz so wie es die Vertriebskollegen bereits vermutet hatten. Wir im Marketing mussten die Kampagne also modifizieren – und den Vertrieb sowie das Management darüber informieren. Dumm gelaufen, zumal wir bei der Diskussion im Vorfeld so vehement für die komplexe, fünfstufige Variante argumentiert hatten. Dennoch kommunizierten wir unsere Fehleinschätzung und die erforderliche Modifikation offensiv: Wir bedankten uns beim Vertrieb für die Kritik, präsentierten die Kundentestergebnisse – sowie eine neue Follow-up-Kampagne, die wir mit den Einsparungen finanzieren konnten. Der Vertrieb war zufrieden – und das Kundenfeedback ausgesprochen gut.

Überzeugen mit Struktur

Je innovativer eine Projektidee ist, desto besser sollte die Präsentation vorbereitet sein. Besonders wichtig ist es, eventuelle Bedenken von Chefs und Kollegen einzuplanen und Argumente zu sammeln, mit denen Sie die möglichen Einwände entkräften können. Damit Ihnen das gelingt, sollten Sie bei aller Begeisterung für das Projekt in der Lage sein, es kritisch zu betrachten. Wo liegen Schwachstellen und Risiken? Wie kann man Risiken minimieren? Wie lautet der Plan B, wenn das Projekt nicht funktioniert?

Findet das Gespräch oder die Präsentation in einer größeren Runde statt, ist es hilfreich, einigen Teilnehmern das Projekt vorab vorzustellen. Das hilft Ihnen, das voraussichtliche Feedback im Vorfeld einzuschätzen, mögliche Kritikpunkte zu identifizieren – und sich entsprechend zu wappnen.

Für jede Präsentation und jedes Gespräch gilt: Sie müssen Ihre Zuhörer zum Nicken bringen. Je früher und je kräftiger sie nicken, umso besser. Also beginnen Sie idealerweise mit einem Aspekt, zu dem jeder nicken kann. Etwa: »Im kommenden Jahr wollen wir unseren Marktanteil bei roten Gummibärchen um 20 Prozent steigern.« Wenn dies der Konsens des Strategiepapiers ist, das man in der vorgehenden Besprechung verabschiedet hatte, werden alle nicken.

Wunderbar. So herrscht gleich zu Beginn eine Übereinstimmung, die eine gute Ausgangsbasis bildet, um Ihre neue Projektidee zu präsentieren. Der Trick besteht also darin, ein übergeordnetes, bereits verabschiedetes Ziel voranzustellen, etwa ein Umsatzziel für das gesamte Unternehmen oder einen Teilmarkt. Das hat überdies den Vorteil, dass Sie gleich zu Beginn den Nutzen, den das gesamte Unternehmen aus Ihrem Projekt ziehen wird, präsentieren. Eine wirksame Art, Interesse zu wecken. Sobald das Interesse Ihrer Zuhörer auf Sie gerichtet ist, beziehen Sie sich auf Ihr Projekt, die Strategie dahinter, die Zielgruppenansprache, die Vorgehensweise und die relevanten Kennziffern.

Die Form Ihres Vortrags passen Sie der Zielgruppe an. Sie können das Projekt mündlich vorstellen oder mithilfe einer aufwändigen PowerPoint-Präsentation in der Geschäftsleitungsrunde. Wichtig ist, dass Ihre Botschaften stringent sind und mehrfach von Ihnen wiederholt werden. Das Argument »Das haben wir doch schon in der Abteilungsleiterrunde präsentiert« zählt nicht. Solange Kollegen am Meeting teilnehmen, die noch nicht informiert sind, müssen und dürfen Sie Ihre Argumentation wiederholen. Wichtig ist es, dass Sie die Ausführlichkeit der Beschreibung ihren Zuhörern anpassen. Das Management bekommt den Executive Overview, die Marketingmanager sämtliche Details.

Ein weiteres Beispiel: Wenn Sie als Marketingleiter eines kleineren, wenig bekannten Unternehmens ein innovatives Strategiekonzept präsentieren, können Sie etwa wie folgt beginnen: »Ich habe mir überlegt, wie wir trotz geringer Ressourcen die größtmögliche Aufmerksamkeit auf dem Markt erreichen können. Mit dieser Idee werden wir unsere Bekanntheit deutlich erhöhen, was den Kollegen im Vertrieb sehr zugute kommen wird.«

Sie beginnen also mit dem positiven Ergebnis, dem Vorteil, dem Nutzen. Alle werden nicken. Alternativ können Sie mit einer rhetorischen Frage einsteigen wie: »Ist es nicht unser gemeinsames Ziel, den Bekanntheitsgrad unseres Unternehmens zu erhöhen?« Oder: »Wollen wir nicht alle gemeinsam dem Vertrieb den Zugang zu neuen Kunden erleichtern?« Solche Fragen können nur mit Ja beantwortet werden. Und diese Jas bereiten den Weg für die spätere die Zustimmung zu Ihrem Projekt. Nach dem Motto: »Wir waren uns doch zu Beginn einig, dass ...« oder: »Also ist es doch in unser aller Interesse, dass ...«

Viele Präsentatoren machen den Fehler, genau andersherum zu beginnen. Sie erläutern zunächst ihre Projektidee im Detail und schließen ihre Ausführungen mit der Darstellung des Nutzens ab. Das Problem bei dieser Reihenfolge: Der Zuhörer kann den Kontext noch nicht genau verstehen, während er bereits jede Menge Projektdetails hört. Weil er nicht wirklich weiß, was das Ganze bezweckt, hat er eine kritische Grundhaltung oder langweilt sich während der Ausführungen.

Wenn Sie aber – wie oben dargestellt – mit dem Nutzen beginnen und das Projektziel aus dem Gesamtziel des Unternehmens ableiten, ist erkennbar, dass Sie auch im strategischen Sinn auf der richtigen Spur sind: Ihr Projekterfolg ist gleich der Unternehmenserfolg ist gleich der Erfolg des Chefs. Sobald Ihre Zuhörer diese Logik erkannt haben, ist Ihr Projekt abgesegnet.

In unserem kleinen, noch wenig bekannten Beispielunternehmen wird man Ihnen also zustimmen, wenn Sie etwas tun wollen, um die Bekanntheit des Unternehmens zu erhöhen. Nachdem man Ihnen per Gemurmel oder Nicken beigepflichtet hat, erläutern Sie die Details Ihres Projekts:

»Um eine hohe Bekanntheit zu erreichen, müssen wir Dinge tun, die in dieser Form in unserer Branche noch nicht da gewesen sind. Denn dann können wir einen Überraschungseffekt erzielen, anstatt viel Geld in Imagekampagnen zu investieren.«

Damit haben Sie einen ersten wichtigen Teile Ihrer Idee verraten. Sie wollen etwas Ungewöhnliches, Neues machen. Auch hier wird man Ihnen zustimmen, schließlich ist eine hohe Bekanntheit zu geringen Kosten in der Tat attraktiv.

Möglichweise fragt jemand: »Aha, und wie soll das bitte gehen?«

Auch wenn Ihr Zuhörer die Frage kritisch formuliert, er zeigt Neugier und Interesse. Nun können Sie die Details Ihres Projektes präsentieren.

Erwarten Sie nicht, dass damit Ihre Arbeit erledigt ist und sie uneingeschränkten Beifall erhalten. Normalerweise folgt eine Runde kritischer Fragen, schließlich hat Ihr Unternehmen eine intelligente Führungs-Crew. Ein möglicher Einwand könnte lauten: »Du hast dabei vergessen, dass wir ein sehr kleines Team sind und unser Budget nicht mal für das Catering reichen wird. Daher müssen wir ein paar Stufen zurückschrauben und diese Idee für ein paar Jahre parken.«

Bei kritischen Einwänden dieser Art können Sie immer auf den bereits erzielten Konsens verweisen: »Auch eine Idee. Aber damit werden wir nichts verändern. Der Vertrieb könnte doch deutlich leichter und schneller arbeiten, wenn der Kunde unsere Firma kennt und der Vertrieb nicht erklären muss, wer wir sind und was wir tun. Alleine durch die massive Presseresonanz auf dem Event werden wir unseren Bekanntheitsgrad deutlich erhöhen können.«

Später erläutern Sie anhand Ihres detaillierten Kostenplans den finanziellen Aufwand und das Risiko. Dies ist ein weiterer, besonders wichtiger Teil Ihrer Präsentation. Es geht um Kosten und Risiken, die Ihr Chef mittragen muss. Da Risiken und Chancen immer in einem ausgewogenen Verhältnis stehen müssen, ist es hilfreich, wenn Sie an dieser Stelle erneut auf die Chancen verweisen. Damit betonen Sie, welche Optionen verschenkt werden, wenn man das Projekt nicht realisiert. Machen Sie erneut deutlich, wie fantastisch es wäre, durch das Projekt Image und Bekanntheit Ihres Unternehmens zu verbessern beziehungsweise zu erhöhen.

Flammenwerfer

Ob »good news« oder »bad news« – egal, was Sie kommunizieren, wenn es überzeugend sein soll, müssen Sie authentisch sein. Versuchen Sie daher, bei aller Professionalität der Mensch zu sein, der Sie sind, mit den Emotionen, die Sie in Bezug auf Ihre beruflichen Fragestellungen empfinden. Wenn Sie sich über einen Projekterfolg freuen, darf Ihre Freude spürbar sein. Und umgekehrt: Wenn ein Projekt mies gelaufen ist, brauchen Sie Ihre Enttäuschung nicht zu verbergen. Wenn Sie ein eher ernster Charakter sind, verzichten Sie während Ihrer Präsentation auf Witze und Wortspiele – es könnte aufgesetzt wirken.

Auf was Sie dagegen niemals verzichten sollten, ist Begeisterung. Denn die wirkt bekanntlich ansteckend. Je mehr Sie für ein Thema brennen, desto mehr reißen Sie andere mit, auch wenn Ihren Zuhörern das Thema fremd erscheint.

Doch wie schaffen Sie es, in einem Arbeitsalltag, der an Ihnen zerrt und rupft, die Motivation hochzuhalten? Eine Frage, die viele andere Bücher ausführlich behandeln. Hier daher nur ein Tipp: Achten Sie auf die Selbstmotivation wie auf das tägliche Zähneputzen. Machen Sie sich bewusst, was Sie motiviert, und verschaffen Sie sich Ihre tägliche Portion davon. Stellen Sie sich vor, welche Erfolge Sie erreichen können, welche weiteren interessanten Aufgaben Sie durchführen werden etc. Dann bleiben die Freude und die Begeisterung wach.

Verkaufen durch Zuhören

Ein fataler Fehler beim Verkaufen ist es, selbst zu viel zu reden und nicht zuzuhören. Machen Sie diesen Fehler nicht. Denn wer ständig Monologe hält, bekommt nichts von seinem Gegenüber mit. So gelingt es zwar, den eigenen Standpunkt klar zu kommunizieren, doch Ideen und Meinungen des Gesprächspartners gehen unter. Die goldene Regel – die auch ich immer wieder trainieren muss – ist: erst einmal genau zuhören und

> »Erfolgreich zu sein setzt zwei Dinge voraus: Klare Ziele und den brennenden Wunsch, sie zu erreichen.«
> Johann Wolfgang Goethe

> »Nichts spornt mich mehr an als die drei Worte: Das geht nicht. Wenn ich das höre, tue ich alles, um das Unmögliche möglich zu machen.«
> Harald Zindler

dann die eigene Meinung erläutern. So manches Mal habe ich beim Zuhören meine eigenen Vorstellungen verworfen, weil mir die andere Sicht auf die Dinge als die bessere erschien. Oder es gab neue Aspekte, die ich noch nicht bedacht hatte und auf die ich Antworten finden musste.

Kritische Kollegen

Leider ist es jeder Gruppendynamik eigen, dass es einem einzigen Nörgler gelingen kann, so lange zu mosern, bis die – eigentlich positive – Stimmung kippt. Um das zu vermeiden, ist es wichtig, kritische Kollegen im Auge zu behalten und mit diesen sehr bewusst zu kommunizieren. Viele machen den Fehler, sich mit ihren Kritikern nicht genügend auseinanderzusetzen. Eine Strategie, die gründlich schiefgehen kann. Denn dann hat der Kritiker die Chance, ungehindert zu agieren und schnell zum gravierenden Störenfried zu werden. Daher ist es wichtig, den Kritikern den Wind aus den Segeln zu nehmen, indem man sich frühzeitig klar und deutlich positioniert.

»Fürchte nicht die, die nicht mit dir übereinstimmen, sondern die, die nicht mit dir übereinstimmen und zu feige sind, es dir zu sagen.«
Napoleon I.

Suchen Sie das Gespräch mit Ihren Kritikern. Andernfalls droht die Gefahr, dass sich die Kritik kumuliert und Sie irgendwann mit Themen und/oder Emotionen konfrontiert werden, die dann wesentlich schwieriger in den Griff zu bekommen sind. Oder noch schlimmer: Der Kritiker findet Zuspruch und es türmt sich eine Wand vor Ihnen auf.

Stellen Sie Ihre Leistungen speziell gegenüber den Nörglern deutlich heraus, denn klare Erfolge lassen sich nur schwer ignorieren. Eine besonders effektive Möglichkeit, mit Kritikern zu kommunizieren ist, sie in die eigenen Projekte einzubinden. Daher lade ich Beckmesser und Co. gerne zu Meetings und zum Mitdiskutieren ein. So habe ich die Chance, den einen oder anderen Kritikpunkt zu verstehen. Manchmal bringen gerade böswillige Kritiker wertvolle Aspekte auf das Tablett. Am schlauesten ist es, sich dafür zu bedanken und den hilfreichen Hinweis zu nutzen. Weniger stichhaltige Punkte werden entkräftet oder gar aufgelöst.

Meine Erfahrung ist, dass sich Kritik meist deshalb entwickelt, weil der Kritiker noch nicht alle Aspekte eines Projekts kennt oder etwas missverstanden hat. So schließt sich der Kreis, denn dieses Problem lässt sich durch Kommunikation und Zuhören in der Regel lösen.

> »Das Wichtigste in einem Gespräch ist zu hören, was nicht gesagt wurde.«
> Peter F. Drucker

Wenn auch das nicht zum Ergebnis führt, hilft vielleicht eine Marketingaktion, von der die Kritiker besonders profitieren: Bei einem meiner früheren Arbeitgeber betreuten wir ein großes Sales Team, mit dem die Zusammenarbeit alles in allem gut verlief. Allerdings gab es innerhalb dieses Teams ein spezielles Bankenteam, mit dem keine konstruktive Kooperation zustande kam. Egal, was wir taten, die Kollegen fanden es schlecht, sahen Marketing als Belastung, nicht als Nutzbringer an. Diese Attitüde hatte sich im Laufe der Zeit manifestiert und auch eine Reihe von Einzelgesprächen half nicht weiter.

Wir brauchten konkrete Erfolge, um zu demonstrieren, dass Marketing greifbaren Mehrwert bringt. Das wollten wir mit gezieltem Named Account Marketing erreichen: So entwickelten wir für einen der Kunden einen strategischen Marketingplan, um ihn mit unseren Themen und Lösungen vertraut zu machen. Dieses Vorgehen war dem Vertrieb neu. So konnten wir zumindest schon einmal Neugier wecken. Rasch stellten sich auch Erfolge ein: Bereits die erste Inhouse-Veranstaltung kam so gut an, dass der Kunde weitere wollte. Schnell wurde eine ganze Serie daraus. Und der Vertrieb hatte binnen kurzer Zeit eine Menge neuer, interessierter Ansprechpartner im Unternehmen des Kunden gewonnen.

Natürlich sprach sich das im Vertriebsteam schnell herum und nun wollte jeder zweite Vertriebsmanager ähnliche Veranstaltung für seine Key Accounts. So begann nicht nur eine gute Zusammenarbeit mit dem Bankenteam. Nach etwa einem Jahr stellten wir einen Marketingmitarbeiter für diese Art des Key-Account-Managements ab, das fester Bestandteil der Marketingplanung geworden war.

> **Sieben Tipps fürs Selbstmarketing**
> - »Tue Gutes und sprich darüber« – auch intern. Wenn Sie Erfolge erzielen, müssen Sie diese unbedingt kommunizieren.
> - Begeistern Sie sich selbst für Ihre Ideen. Sobald Sie für ein bestimmtes Thema »brennen«, werden Sie Ihre Zuhörer automatisch mitreißen.
> - Fakten, Fakten, Fakten – das ist die Basis Ihrer Arbeit und Ihres Selbstmarketings. Setzen Sie diese in Bezug zum Gesamtunternehmenserfolg, zur Vertriebssteigerung etc. Idealerweise verknüpfen Sie »Ihre« Zahlen mit Benchmarks, das heißt mit Industrievergleichszahlen.
> - Seien Sie mutig und riskieren Sie Neues, denn damit setzen Sie Zeichen und nicht nur Ihr Projekt, sondern auch Sie werden anders wahrgenommen.
> - Richten Sie Ihre Argumentation immer darauf aus, welchen Nutzen ein Projekt, das Marketing als Ganzes für das Unternehmen bringt. Denn letztlich dient Marketing den Unternehmenszielen.
> - Hören Sie zu, was die anderen wollen, und gleichen Sie dies mit Ihren Zielen und Projektideen ab. Was passt? Was passt (noch) nicht?
> - Bleiben Sie im Gespräch mit Ihren Kritikern: Greifen Sie deren Argumente auf, gehen Sie auf die stichhaltigen Punkte ein und entkräften Sie haltlose Nörgelei.

»Feuer und Flamme für Innovation«

Von Guido Happe

In diesem Beitrag sollen in einer kurzen, übersichtlichen Abhandlung Faktoren aufgezeigt werden, die Innovationen eine Grundlage schaffen. Eine Grundlage zu ermöglichen bedeutet hier die Begeisterung und Überzeugung des Managements für Innovationen sowie die Notwendigkeit der unternehmenskulturellen Realitäten und Top-Management-Qualitäten, um mehr Sein als Schein zu haben.

Entscheidend ist nicht der Wunsch nach Strukturen und Innovationen, also Neuerungen, sondern die gelebte Realität und (vorhandene) Basisarbeit.

Als Innovation werden materielle oder symbolische Artefakte bezeichnet, die Beobachterinnen und Beobachter als neuartig wahrnehmen und als Verbesserung gegenüber dem Bestehenden erleben.

Es können sechs Typen von Innovation identifiziert und definiert werden:

- Produktinnovation
  Produktinnovationen sind neue oder verbesserte Produkte. Der primäre kaufentscheidende Faktor ist hier stets der Grund- und Zusatznutzen des jeweiligen Produkts.

- Prozessinnovation
  Diese Innovationen stellen Erneuerungen bei den Leistungsprozessen im jeweiligen Unternehmen dar. Prozessinnovationen sind beispielsweise die Erhöhung der Sicherheitsaspekte, Produktivitätssteigerung etc.

- Marktmäßige Innovation
  Bei diesem Typ von Innovation werden neue Absatz-

und Beschaffungsmärkte erschlossen, wie zum Beispiel neue Kunden- oder Lieferantengruppen, um dadurch einerseits Umsatz zu steigern und andererseits vorhandene Kosten zu senken sowie die Qualität der Produkte oder des Services zu verbessern.

- Strukturelle Innovation
  Strukturelle Innovationen sind beispielsweise Erneuerungen und neue Wege in der Arbeitsstruktur. Als Beispiele können genannt werden: Einführung neuer Arbeitszeitmodelle, neue Wege der Personalentwicklung, neue Vertriebsmodelle und Vertriebswege wie beispielsweise Franchising.

- Cross-Industry Innovation
  Hier werden Technologien, Wissen und Ressourcen aus verschiedenen Industrien in die Arbeitsprozesse des eigenen Unternehmens integriert, um querdenkend Kooperationen zu pflegen und neue Entwicklungen voranzutreiben. Ein Beispiel hierfür ist die Nutzung der technischen Entwicklungen aus der Raumfahrt für die Automobilindustrie.

- Diskontinuierliche Innovation = Revolution
  Dieser Typ von Innovation ist sicherlich der bedeutendste, da es hier der revolutionäre Gedanke zur kompletten Veränderung ist.

Die verschiedenen Typen von Innovationen machen schnell deutlich, welche unterschiedlichen Voraussetzungen vorhanden sein müssen. Topmanagement und Mitarbeiter müssen in unterschiedlicher Intensität unternehmerischen Weitblick und Mut vorbereiten, präsentieren und entscheiden. Innovationen sind eher steuerbare Zufälle und benötigen realitätsnahes Querdenken.

Wie müssen sich Innovationen, die nicht nur vermeintliche Innovationen sind, darstellen?

- Innovationen müssen eindeutig umsatzsteigernd sein. Der reine Blick auf Kostenoptimierung und Prozessoptimierung reicht meist nicht aus.
- Innovationen müssen etwas Neues schaffen, einen Sprung, einen Weitsprung oder einen Vorsprung (gegenüber der Konkurrenz).
- Es muss durchdacht sein, welchen Einfluss »das Vorhaben« auf die Gesamtorganisation hat/haben könnte (= Risikominimierung). Denn: Freigabe von Budgets, personelle Ressourcen und Umsetzung von Ideen sind stets »Entscheidung vor Erfahrung«. Das heißt: Machen Sie die »Entscheidung vor Erfahrung« lebbar. Aber: Weniger ist mehr. Konkret, klar im Bild, deutlich in der Sprache, dennoch knapp an Zeit mit Leidenschaft im Blut.
- Wenn Innovationen rein technisch hervorgehoben werden, reicht dies ebenso meist nicht aus. Im B2B-Bereich muss es zudem eine Markenwirkung und Strahlkraft erzeugen, Unabdingbarkeit geschaffen werden (Customer Experience).
- Das Innovationsteam muss sich zwar überzeugt und passioniert positionieren, aber gleichzeitig deutlich machen, dass es in der Lage ist, sich und alle Ideen stets in Frage zu stellen sowie frei von Politik und persönlichen Eitelkeiten zu sein.
- Kostenoptimierung und -minimierung wird eher als Projekt angesehen. Die Erschließung neuer Märkte und Umsätze sowie die Diskontinuierliche Innovation, also Revolution, ist kein Projekt in der Wahrnehmung. Innovationen finden Gehör, Projekte weniger.

Was müssen Mitarbeiter mitbringen, um das Topmanagement für Innovationen begeistern zu können?

- Die Fähigkeit, ein mögliches Scheitern mit einzukalkulieren: Business Planning bis zum Ende durchdacht
- Entscheidungsfähigkeit
- Nachhaltigkeit und Verlässlichkeit
- Kommunikationsstärke
- Die Fähigkeit, Bedarfswecker und Bedarfsdecker zu sein
- Reelle Selbsteinschätzung und eine Fähigkeit zur Selbstkritik
- Anpassungsfähigkeit an ständig wechselnde Umgebungen

Was muss ein Unternehmen und dessen Topmanagement kulturell und strukturell bieten, um Innovationen sehen, spüren, verstehen und umsetzen zu können?

- Fantasie (viele Topmanager bleiben beim Etablierten, weil sie sich das Neue gar nicht vorstellen können)
- Gelebte Offenheit zu Denken
- Die Fähigkeit, das Team durch gute und schlechte Zeiten zu führen
- Die Fähigkeit, Freiräume zu gewähren und Misserfolge zu akzeptieren – Scheitern ist nicht nur erlaubt, sondern gewünscht, um zu lernen!
- Die revolutionäre Leidenschaft für Veränderung und Neues

Die innovativsten Unternehmen zeichnen sich durch die sogenannte Customer Experience aus, durch die Fähigkeit, jeden Stein umzudrehen und dadurch erfolgreiche Produkte auf den Markt zu bringen.

Kulturell zeichnen sich die innovativsten Unternehmen dadurch aus, dass Mut zur Entscheidung vor Erfahrung in einem ausgeprägten und gewünschten Maß vorhanden ist. Dieser Mut führt zu professionellen Prozessen und starken Produkten.

Nur wenn sich Unternehmen in Frage stellen können, können sie sich weiterentwickeln.

Am Beispiel der drei weltweit innovativsten Unternehmen lassen sich grundlegende Muster erkennen. Diese Muster müssen und können Mitarbeiter für sich nutzen, um Bewegung für Veränderung aus Benchmarkperspektive in das Topmanagement zu bringen, das damit die Chance nutzen kann, nicht zu spiegeln, aber zu vergleichen. Denn: Dabei sein ist alles! Dabei bleiben aber noch mehr!

Die Top drei der innovativsten Unternehmen sind laut »BusinessWeek« und Boston Consulting Group: Apple, Google und General Electric (Von den 100 größten Unternehmen weltweit, die 1917 in die »Forbes-Liste« eingetragen waren, ist heute gerade einmal ein Unternehmen übrig geblieben – General Electric.)

Innovationsmuster, also die Kriterien, top zu sein und zu bleiben, sind:

- Bei Apple die sogenannte Customer Experience, das Gespür für sexy Produktdesign, effektives Marketing und die Schaffung der Unabdingbarkeit der Produkte.

- Bei Google die Produktvielfalt, die Schaffung der Customer Experience, die Fähigkeit, Neues zu entdecken und verfügbar zu machen, die hohe Entscheidungsgeschwindigkeit und die auf permanente Veränderung aufgebaute Unternehmenskultur.

- Bei General Electric die vorbildliche Prozessarbeit, neue Wege des Management, der Führung und Effizienz. GE hat die Reputation, neue Produkte klar zu durchdenken und die Umsetzung durch topinterne Prozesse sicherzustellen.

Wir sehen in dieser kurzen Abhandlung, wie komplex die Anforderungen für Management und Mitarbeiter sind, Innovationen nicht nur zu leben, sondern vielmehr überhaupt für eine Innovationsfähigkeit zu sorgen. Best Practices sind ein kluges Mittel, (unpolitischer) Mut und Leidenschaft bleiben aber die entscheidenden Merkmale – diese gilt es zu fördern und zu fordern.

Zahlen müssen sein

So wird Ihr Marketing messbar effektiver

Wer sich als Marketingchef solide positionieren will, muss mit Zahlen arbeiten – auch wenn das vielen Marketiers nicht im Blut liegt. Dabei geht es nicht nur um die Budgetzahlen in Form der Ausgaben, die im Marketing erforderlich sind. Besonders wichtig ist es auch, die Erfolge in Zahlen zu übersetzen. Dabei geht es um die konkreten Ergebnisse von Marketingaktionen: Wie viele Downloads wurden verzeichnet? Wie viele Anrufer gab es? Wie viele Bestellungen? Zum anderen geht es um konsolidierte Zahlen: Wie viele Leads hat das Marketing generiert? Wie viele konkrete Verkaufschancen? Und wie viel Umsatz?

Demnach muss der Marketingchef das Handwerkszeug der Erfolgssteuerung beziehungsweise -messung beherrschen und ebenso wie der Sales-Chef oder der CEO Zahlen nutzen, um Ziele festzulegen und Erfolge zu untermauern. Längst reicht es nicht mehr zu sagen, dass eine Marketingmaßnahme erfolgreich war. Stattdessen müssen harte Fakten auf den Tisch. Dabei ist es nicht nur wichtig, die Key-Performance-Indikatoren (KPIs) und damit eine Messlatte für den Erfolg einer Maßnahme zu verfolgen, sondern bereits im Vorfeld Ziele anhand der KPIs zu definieren.

Das interessiert den Chef

Dank Investor Relation sind die Kennzahlen von Unternehmen als Ganzes heutzutage transparent. Man weiß, welches Unternehmen welche Umsatzrenditen erzielt (und wundert sich, warum sie dann trotzdem Mitarbeiter entlassen). Man kennt die Earnings per Share verschiedener Cost Ratios. Und selbst die Vorstandsbezüge einer deutschen Aktiengesellschaft findet, wer sich auskennt, in deren Geschäftsbericht. Und auch in puncto Marketingtransparenz steigen die Anforderungen der Unternehmen an ihre Marketiers, in vielen Unternehmen ist Marketingmessung bereits eine Selbstverständlichkeit.

Am besten kontrolliert sich jeder selbst

> »Miss alles, was sich messen lässt, und mach alles messbar, was sich nicht messen lässt.«
> GALILEO GALILEI

Im Marketing gilt wie in der Buchhaltung: Zahlen sind nur dann ein sinnvolles Steuerungsinstrument, wenn sie vollständig und richtig sind. Dazu sind eine Reihe von Tools erforderlich – zuallererst eine gute und gepflegte Datenbank. Idealerweise verfügt das gesamte Unternehmen über ein CRM-System, das allen Mitarbeiter schnellen Zugriff auf dieselben Datensätze gewährt. Doch in der der Realität fehlt in vielen Unternehmen das geeignete Tool, und Abteilungen behelfen sich mit Excel-Sheets, in denen die Daten weder vollständig noch zeitnah erfasst sind.

Ebenso wichtig wie ein CRM-Tool ist ein Online-Marketinganalyse-Programm. Dieses sichtet nicht nur die Besucheraktivitäten auf der Website, sondern auch die via Website abgewickelten E-Mail-Kampagnen. Und wer dann jede Kampagne mit der Website verknüpft, kann nicht nur besonders zeitnah agieren und informieren, sondern außerdem die Resonanz der Kunden messen. Kurz: Mittels der Online-Analyse-Software lässt sich der direkte Einfluss des Marketingerfolgs auf die Vertriebspipeline nachweisen. Ein wichtiger Aspekt, wenn es darum geht, intern mehr Budgets zu akquirieren. Und wer den optimalen Überblick über das große Datenganze haben möchte, nutzt ein Marketing-Dashboard, das per Knopfdruck zeigt, wie viel Budget in welche Produktgruppen, Märkte und Zielgruppen fließt. Idealerweise kann sich jeder Marketingmitarbeiter mittels der Marketingeffizienztools selbst kontrollieren und die Information gegebenenfalls nutzen, um zeitnah zu reagieren, wenn sich die Zahlen anders als erwartet entwickeln.

Weisen die Zahlen bei der Zwischenauswertung etwa darauf hin, dass man die Marketingziele verfehlt, kann man rechtzeitig gegensteuern. Ebenso lassen sich besonders positive Entwicklungen umgehend nutzen. Werden die Ziele übererfüllt, weil der Markt überraschend gut auf eine Kampagne anspricht, hat der Marketier zwei Möglichkeiten: Er kann den positiven Trend maximal ausnutzen oder aber sich mit dem Erreichten zufrieden geben und das Restbudget in eine andere Kampagne fließen lassen. Das heißt, die Auswertungen helfen dem verantwortlichen Manager, kurzfristig zu agieren und die Ressourcen optimal zu verteilen.

Budgetierung mit Indikatoren – und Intuition

In Krisenzeiten – und danach – gleicht Budgetplanung im Marketing der Quadratur des Kreises. Die Etats werden kleiner, die damit erzielte Wirkung aber soll größer werden. Wie man hier das Budget am besten verteilt? Worauf kann man am ehesten verzichten? Was braucht man unbedingt? Ich bin der Meinung, dass man schlimmstenfalls an allem sparen kann, nur nicht an der Pressearbeit. Denn erstens ist das geschriebene Wort nach wir vor sehr stark und darüber hinaus lässt sich gutes PR-Material in der Regel querverwenden. Vorhandene Texte kann man für die Website nutzen, einzelne Textbausteine können in Mailingkampagnen eingesetzt werden und so weiter und so weiter. Das ist intelligente Mehrfachverwertung – und damit effizient.

Genauso wichtig wie gute Pressearbeit ist eine qualitativ hochwertige Datenbank – siehe oben. Denn sie ist die wesentliche Grundlage für die auf Kennzahlen basierende Marketingarbeit. Je aussagekräftiger das gesammelte Datenmaterial, desto besser sind darauf fußende Kampagnen aufgestellt.

Drittens sollte man sich eine stets inhaltlich aktuelle Website leisten und diese mit der Datenbank verlinken. Dann ist der Erfolg des Internetauftritts messbar: Mit Online-Effizienz-Programmen können Sie praktisch jeden Klick eines Interessenten auf der Website auswerten und daraus wichtige Schlüsse ziehen.

> »Um uns in dem endlosen Strom der persönlichen Entscheidungen, die wir immer wieder treffen müssen, zurechtzufinden, kommt es entscheidend auf das Gefühl an.«
> Daniel Goleman

Sollten Sie zu den glücklichen Marketingverantwortlichen gehören, deren Budget damit noch nicht erschöpft ist, empfehle ich Ihnen darüber hinaus, in strategische, aufeinander aufbauende Kampagnen zu investieren. Voraussetzung dafür ist allerdings Planungssicherheit über mehrere Quartale, denn wenn eine solche Kampagne auf halbem Weg abgebrochen werden muss, ist der bis dato erfolgte Einsatz schlichtweg Geld- und Ressourcenverschwendung.

Kennzahlen sind nicht nur für die Steuerung einzelner Projekte relevant, sondern außerdem die Grundlage für die jährliche oder quartalsbezogene Budgetplanung. Erfahrungswerte aus den Vorquartalen oder dem Vorjahr zeigen auf, welche Ergebnisse sich mit welchen Maßnahmen erzielen lassen. So lässt sich abschätzen, mit welchem Marketingmix das Gesamtergebnis erzielt werden kann. Oder anders herum: Ist die Zielsetzungen klar, etwa die Öffnung neuer Märkte, der Launch bestimmter Produkte oder Umsatzziele allgemein, lässt sich anhand der Kennzahlen bestimmen, welche Projekte erforderlich sind, um die Ziele zu erreichen. Doch mit Kennzahlen allein lässt sich der Marketingmix nicht bestimmen. Zusätzlich braucht man eine Portion Intuition. Bei allen Berechnungen, Auswertungen und Analysen, macht erst die abschließende persönliche Einschätzung Budgetentscheidungen perfekt.

»Nichts entsteht durch reines Nachdenken«

Von Neil Morgan

«Die Hälfte meiner Marketingausgaben ist eine reine Verschwendung«, klagte einst John Wanamaker, Eigentümer des amerikanischen Kaufhaus Wanamaker's. »Leider weiß ich nicht, welche Hälfte.« Dieser Ausspruch aus dem 19. Jahrhundert hat auch im 21. Jahrhundet nichts von seiner Gültigkeit eingebüßt.

Der Wunsch, die Wirksamkeit von gezielten Marketinginvestitionen wirklich nachvollziehen zu können, hat mittlerweile fast den Status eines «Heiligen Grals» angenommen und hat unweigerlich zu der Schlussfolgerung geführt, dass die Tage undurchsichtiger Marketingaktivitäten – basierend auf Bauchgefühl und Instinkt – vorbei sind. Der Schlüssel zu dieser Veränderung liegt im rasanten Aufstieg des digitalen Marketings.

Während des letzten Jahrzehnts entdeckten die Marketiers die Wirksamkeit digitaler Kanäle. Bei den zukunftsorientierten Unternehmen von heute stiegen die Ausgaben für digitales Marketing kontinuierlich an: Während sie im Jahr 2000 teilweise nur ein Prozent des Gesamtmarketingbudgets ausmachten, sind es heute bis zu 25 Prozent – teilweise sogar 100 Prozent

Verwendet werden diese Budgets für Suchmaschinenmarketing, Online Advertising, Affiliate Marketing und seit Neuestem auch für Social Marketing. Die Erwartungshaltungen und Anforderungen an die Messbarkeit bestimmter Aktionen haben sich dadurch erheblich verändert. Tatsächlich ist es aber genau die Möglichkeit der exakteren Messbarkeit von Erfolgen (oder auch Misserfolgen), die digitales Marketing, neben der nachweisbaren Effizienz, so reizvoll macht.

Dies hat auch Auswirkungen auf die ewig währende Hassliebe, die oft zwischen Marketing und Vertrieb besteht. Wir alle haben uns im Lauf unserer Karriere schon einmal in diesem Spannungsfeld bewegt: Das Vertriebsteam beschwert sich, dass das Marketing nicht genügend Leads generiert, um den Vertriebszyklus am Laufen zu halten oder dass die Marketingaktivitäten nicht die vereinbarten Ziele erreichen. Im Gegenzug verlangt das Marketingteam mehr Umsatz, um mehr Budget für zielführende Marketingaktivitäten zur Verfügung zu haben und somit mehr sinnvolle Leads zu generieren. Und so dreht es sich im Kreis.

Das Aufkommen des digitalen Marketings verspricht einen Weg aus dieser Sackgasse. Marketiers können die nachweisbare Verantwortung für ihr Tun übernehmen, können den Wert und die Wirksamkeit ihrer Aktionen und Investitionen auch zahlenmäßig nachweisen. Das bedeutet: Marketiers können sich endlich selbst behaupten und mit mehr Selbstvertrauen Rechenschaft ablegen und Aktionen einfordern.

Dieses Selbstvertrauen kann auf beide Seiten, Vertrieb und Marketing, zu interessanten, aber auch schwierigen Fragen führen: Sind Leads denn wirklich das alles Entscheidende? Sollten wir nicht auch andere Faktoren wie Sales Opportunities pro Monat oder die Anzahl neu gewonnener Kunden berücksichtigen? Wie messen wir den Gesamterfolg, den Return-on-Investment (ROI) einer Kampagne?

In der Vergangenheit wurden solche Fragestellungen oft vermieden, da die Antworten zu schwierig oder sogar unmöglich waren. Durch die effektive Auswertung digitaler Analysen können Marketiers heute relativ einfach nachvollziehen und auch beweisen, was funktioniert und was nicht. Mithilfe dieser Informationen können Marketingbudgets wirkungsvoller verteilt und genutzt werden. Aktionen werden anhand zuvor definierter Leistungsindikatoren weiter unterstützt oder eben abgebrochen.

Ein Beispiel soll aufzeigen, wie verschiedene Ansätze in der Lead Generierung zu großen Unterschieden in Marketing und Demand Generation-Aktionen führen können. Unser eigenes Marketingteam bewarb sowohl ein kostenloses Webinar als auch ein PDF zum Download zum Thema »Acht kritische Erfolgsfaktoren zur Generierung von Leads«. Zwei sehr unterschiedliche Initiativen zwei komplett verschiedene Formaten – die offensichtliche Frage wäre nun: Welche war erfolgreicher? Tatsächlich ist diese Frage irreführend, weil sich an sie sofort weiterführende Fragen anschließen wie: Welche Initiative war in Hinblick auf welche Messkriterien erfolgreicher? In Hinblick auf die Anzahl der Leads? Die Sales Opportunities, Verkaufszahlen, Abschlussraten und so weiter.

Erst die Beantwortung diese Frager liefert aufschlussreiche Resultate. Von einem digitalen Hightechunternehmen würde man erwarten, dass es das Webinar mit mehr Nachdruck beworben hätte als die Anleitung zum Download. Tatsächlich fokussierten wir uns aber auf Letzteres. Das Ergebnis gab uns erst einmal recht: Wir generierten damit 42 Prozent mehr Leads als mit dem Webinar. Nach einer weiteren Analyse stellten wir jedoch fest, dass wir mit dem Webinar 155 Prozent mehr Teilnehmer in vertriebsrelevante Opportunitäten umwandeln und eine 80 Prozent höhere Abschlussrate erreichen konnten.

Natürlich ist das nur ein einzelnes Beispiel, das nicht dazu führen sollte, dass Unternehmen grundsätzlich alle PDFs, die zum Download bereit stehen, als Marketingtool ersatzlos streichen.

Sirius Decisions – ein Unternehmen, das die Wirksamkeit von Sales und Marketing untersucht – sieht in unserem Beispiel aber eine wesentliche Erkenntnis bestätigt: Am wichtigsten ist es, das Format zu finden, das die größte Wirksamkeit innerhalb einer gegebenen Situation verspricht, um es dann an der richtigen Stelle des Verkaufszyklus einzusetzen. Die Ergebnisse können dabei von Vorgang zu Vorgang variieren. In unserem Fall werden wir einen weiteren Ansatz testen: beide Formate zusammen promoten und die Resultate noch tiefer analysieren.

Dieses Testen ist eine der wertvollsten Waffen im Arsenal des digitalen Marketiers. Die Tage des Rätselratens – Welche Inhalte sind wohl die besseren? – sind damit definitiv vorbei. Ein Test nimmt Marketing auch den Anschein, auf Basis der reinen Vermutung zu arbeiten. Ein Marketier kann verschiedene Versionen eines neuen Inhalts testen, um herauszufinden, welche Version die wirksamste zur Erreichung der gewünschten Reaktion ist. Um außerdem verschiedene Versionen einzelner Inhalte oder Segmente analysieren zu können, verwendet man A/B und multivariable Analysemethoden. Damit können Landing Pages, Banner, Formulare, Prozesse und andere Inhalte, die bei der Lead-Generierung eine Rolle spielen, untersucht werden, zum Beispiel die Zahl der Besucher, die über Google kommen anstatt über eine bestimmte Kampagne.

Nach dem ersten Test folgt die zielgerichtete Ansprache der potenziellen Kunden. Online-Marketiers können dabei verschiedene Besuchersegmente und Szenarien definieren, um die Relevanz der inhaltlichen Nachricht für den jeweiligen Besucher zu maximieren. Es ist sogar möglich, Besucher, die über eine Suchmaschine geleitet werden, aufgrund ihrer Suchbegriffe oder der Webseiten, die sie zuvor besucht haben, mit ganz speziellen Inhalten zu konfrontieren.

Das ist bei uns aber nur möglich, weil wir unsere Webanalyse-Applikation mit unserem CRM-System verbunden haben. Diese Fusion ermöglicht mehr als nur Webanalysen – nämlich komplette Marketinganalysen von Off- und Online-Events, inklusive Messe-Performance, Direct-Mailing-Kampagnen und messbare Offline-Sales-Pipelines. Eine solche Integration von Analysen und CRM ist ein wichtiger Schritt in die richtige Richtung: Der zugrunde liegende Prozess aus der Verbindung von Lead-Generation und Vertriebsprozess wird nachvollziehbar und messbar.

Aus unserer Erfahrung können Marketiers dabei von folgenden Vorteilen profitieren:

- Verbesserte Priorisierungsmöglichkeiten für Marketinginvestitionen (Zeit und Geld)
- Der Marketingbeitrag zur Sales Pipeline wird nachweis- und messbar.
- Die Aktivierung von Sales Intelligence führt zu einem insgesamt verbesserten Vertriebsprozess.

Echte Messkriterien

Die größte Herausforderung für die meisten Marketingorganisationen ist die fehlende Visibilität innerhalb eines komplexen Vertriebszyklus. Oft ist das Lead selbst der weitreichendste Bestandteil dieses Prozesses. Einmal zum Beispiel über eine Webseite gekommen, verschwindet es auch schon in den Tiefen eines Sales Force Automation (SFA) oder eines CRM-Systems und entzieht sich damit dem Zugriff des Marketingteams. Das bedeutet, dass das Marketing eigentlich keine Möglichkeit mehr hat, einen geschlossenen Deal zurückzuverfolgen und das Lead an eine bestimmte Marketingaktion knüpfen zu können. Vollständige ROI-Zahlen können damit nicht geliefert werden.

Der Wert des Marketingbeitrags am Verkaufserfolg ist deswegen oft nicht messbar oder bleibt unerkannt. Schlussfolgerungen sind oft verfrüht und basieren auf irreführenden Kennzahlen, wie zum Beispiel der Menge der generierten Leads und den damit verbundenen Kosten-per-Lead-Kennzahlen als Grundlage für die Marketingleistung.

Integrierte Webanalyse-/Kampagnenmanagementlösungen. verknüpft mit SFA/CRM-Anwendungen, helfen solche Situationen zu vermeiden. Marketiers können Kennzahlen jenseits der Lead-Umwandlung, wie qualifizierte Leads und Absatzmöglichkeiten, gewonnene Projekte und Umsatzgröße auf Kampagnen- oder Tracking-Code-Ebene messen. Diese Kennzahlen zeigen, welche Marketinginvestitionen in Relation zu anderen Ausgaben tiefgreifendere Resultate für den Vertriebszyklus liefern.

Abgeleitete Kennzahlen wie zum Beispiel Customer per Impression, Click/Event Conversations und qualifizierte Lead Opportunitäten, liefern in jeder Phase des Marketing und Vertriebszyklus weitere aussagekräftige Erkenntnisse bezüglich Effektivität und Wirksamkeit.

Kampagnenzuordnung – Marketing Nirwana

Der kluge Marketier verknüpft seine Kampagnenziele mit zyklusrelevanten Messkriterien, wie Closed Deals, Sales Values und Sales Ready Leads. In einem nächsten

Schritt muss er dann entscheiden, welche Kampagne mit welchen Messkritierien assoziiert werden kann – ein zunehmend komplexer Prozess. Ein abgeschlossener Verkauf könnte zum Beispiel mit mehr als zehn Kampagnen verbunden sein – je nachdem, mit wie vielen Kampagnen ein einzelner Kontakt verknüpft wurde oder wie viel einmalige Kontakte – Entscheider und Beeinflusser – es innerhalb eines Kunden gibt.

Um die beste Investitionsentscheidung treffen zu können, muss jede Kampagne aus unterschiedlichen Blickwinkeln betrachtet werden. Das ruft geradezu nach der Touch-/Source-Methode, mit der verschiedene ROI-Reportingansichten für eine Kampagne definiert werden können. Insgesamt gibt es vier Reporting-Ansichten, die für einen Closed Deal wichtig sind:

- Quellenansicht. Hier erfahren wir, welche Kampagen/Interaktionen zur Erstellung des Accounts führten – nicht nur das Lead an sich, unabhängig davon, wann die Aktion stattfand.
- Erstkontakt. Hier wird jede sinnvolle Interaktion oder jeder Austausch definiert und festgehalten, zum Beispiel ein Download, die Teilnahme an einer Produkttour, der Besuch eines Events etc. Es gibt auch weniger bedeutende Messkriterien wie ein Klick auf ein bestimmtes Produkt oder das Personalisieren einer Langingpage oder die Weiterleitung über einen Link in einer E-Mail.
- Finaler Kontakt. Er beschreibt die Interaktion kurz vor der Umwandlung eines Kontakts in eine Opportunität. Eine Opportunität ist ein persönliches oder telefonisches Meeting zwischen einem Vertriebsmann und einem Interessenten. Die hierarchische Stellung des Interessenten sowie der Bedarf wurden bereits bestätigt beziehungsweise festgestellt. Der finale Kon-

takt zeigt, welche Interaktion die einflussreichste war, um den »Account« zu einem Treffen zu bewegen.
- Kombinierte Erstkontakte. Dieser Report zeigt auf Accountebene, welche Kombination von Interaktionen erfolgreich zusammenwirken. Man kann auch erkennen, welche Kombinationen am häufigsten bei einer bestimmten Gruppe von Closed Deals oder bei der Umwandlung von Leads in Opportunitäten zusammengewirkt haben.

Social Media – Last oder Lust?

Messbarkeit wird ein noch komplexeres Thema, wenn es um die Wirksamkeit von Social Media – wie Twitter, Blogs, Facebook etc. – im Umgang mit Kunden geht. Laut Gartner werden sich aber bereits Ende 2010 mehr als 80 Prozent des Marktwachstums im Bereich Social Media um die Verbesserung externer Kundenbeziehungen drehen.

Ein Vorteil liegt in der Aussicht auf größere und verbesserte Reichweiten. Ein Nachteil liegt in der erhöhten Komplexität von Kundenkontakten und Strategien zur Durchdringung von Accounts. Die größte Veränderung durch Social Media liegt aber in der Determinierung einer Marke durch andere Personen als den Hersteller selbst. Kunden, Interessenten, Journalisten und andere Beeinflusser unterhalten sich intensiv und öffentlich über die Marke, im Guten wie im Schlechten.

Viele Marketiers haben darüber hinaus ein Problem damit, einen fundierten Business Case für Social Media zu erstellen. Die vermeintliche Schwierigkeit hier einen ROI nachzuweisen, ist einer der Hauptfaktoren für die Ablehnung von Social Media Aktivitäten als legitimes Marketingtool. Noch immer hält sich die Meinung, dass die wirksamsten Social-Media-Aktionen wie Benutzer-

Reviews, Ratings, Blogs und Foren, die am wenigsten bewertbaren Taktiken seien. Und das stimmt so nicht.

Anhand einfacher, klar messbarer Kriterien, kann nachgewiesen werden, welchen Einfluss ihre Stimme durch Social-Media-Aktionen im Markt hat bzw. inwiefern ihr Unternehmen davon beeinflusst wird. Wenn Sie einen neuen Inhalt veröffentlichen, können Sie zum Beispiel sofort messen, welcher Teil davon das größte Interesse unter den Social-Media-Besuchern hervorgerufen hat (Editorial, Fotos, Ratings etc.) oder welchen Anteil die Besucher von Social Media Seiten generell haben oder von welchen Social-Media-Seiten die Besucher hauptsächlich auf Ihre Seiten kommen.

Das sind alles nur einfache Messkriterien. Das Ziel sollte sein, die wichtigsten Leistungsindikatoren sozialer Webseiten nachzuverfolgen – Besucherengagement, Verweildauer, positive Weiterleitungen und Bestellungen. Das zeigt sich allerdings als schwer fassbar. Die Definition von Leistungsindikatoren zur Messung des Erfolgs einer Kampagne wird laut Untersuchungen der Aberdeen Group von Unternehmen als Top-Priorität angesehen. Trotzdem fühlen sich nur 56 Prozent der Organisationen aktuell überhaupt in der Lage, den Einfluss sozialer Medien zu quantifizieren, 24 Prozent verlassen sich dabei auf ihr »Bauchgefühl«.

Nehmen wir Twitter als Beispiel – wir sehen vier Möglichkeiten, wie Twitter von Unternehmen im Marketing unterstützend eingesetzt werden kann:

- Unterstützung bei der Markenüberwachung, zum Beispiel genau zu wissen, wie die eigene Marke beim Kunden ankommt
- Serviceverbesserungen, zum Beispiel schnellstmög-

lich auf Servicevorfälle und -beschwerden reagieren zu können, um so das Kundenerlebnis zu verbessern.

- Die Stimme des Kunden hören. Welche Produkte oder Services sind wirklich wichtig für Kunden?
- Verbesserte Produktpräsentationen. Unternehmen können zum Beispiel ihre Produkte aktiv und gezielt bei den sogenannten «Followern«, die bereits als positive Empfänger bekannt sind, bewerben.

Im Falle von Twitter müssen die Messkriterien auch Filter-Tweets für Schlüsselwörter wie spezielle Phrasen, Unternehmensnamen oder Produktnamen enthalten. Alarmsignale sollten Angestellte über wichtige Veränderungen in der Tweet-Aktivität informieren. Die Tweeter selbst sollten als Markengegner oder als Markenbefürworter kategorisiert und überwacht werden. Social-Media-Messtechniken entwickeln sich noch, aber es gibt doch schon einige Möglichkeiten, die man adaptieren kann.

Marketiers sollten sich in jedem Fall mit dem Potenzial von Onlinemarketing und Analysen beschäftigen. Wenn auch komplex, die Vorteile können nicht ignoriert werden. Dazu passt abschließend ein weiteres Zitat von John Wanamaker: »Denn nichts entsteht durch reines Nachdenken allein.«

Die Autorinnen und Autoren der Gastbeiträge

Anke Meyer-Grashorn

Anke Meyer-Grashorn studierte Marketing und gründete im Jahr 1996 die Firma große freiheit GmbH, die sich auf die Themen Innovationskultur und Open Innovation spezialisiert hat. Heute ist sie als praxisorientierte Innovationsberaterin und Expertin für systematische Ideenproduktion etabliert. Sie ist Dozentin an der Steinbeis Hochschule, Vortragsrednerin und Autorin von »Spinnen ist Pflicht – Querdenken und Neues schaffen« sowie »Trust Yourself! Wie Sie Ihre Intuition für Entscheidungen nutzen«. Auf ihrer Kundenliste stehen Adobe Systems, Bayer CropScience, Bayerischer Rundfunk, BMW Group, DATEV e. V., Deutsche Postbank, Gigaset, Henkel, Raiffeisenbank Wien, Tchibo, Walt Disney Company und andere.

Monika Scheddin

Die ehemalige Topmanagerin Monika Scheddin gründete im Jahr 1994 die WOMAN's Business Akademie GmbH sowie im Jahr 1996 den renommierten WOMAN's Business Club München/Frankfurt. Als Expertin für Networking ist sie langjährige Lehrbeauftragte der Ludwig-Maximilians-Universität München und Initiatorin des Gute-Leute-Mittagstisches. Ihr Buch »Erfolgsstrategie Networking« ist ein vielgelesener Topseller. (www.Scheddin.com)

Gabriele Rittinghaus

Gabriele Rittinghaus verfügt über mehr als 20 Jahre Erfahrung in der IT-Industrie im Vertriebsmanagement und im General-Management. Seit Anfang 2009 ist sie Geschäftsführerin (?) der FINAKI Deutschland, einem Unternehmen, das als Intermediär zwischen den IT-Verantwortlichen (CIOs) der größten deutschen Unternehmen und den Anbieterunternehmen der IT- und Telekommunikationsindustrie agiert. Zuvor war sie 14 Jahre für CA Computer Associates tätig, unter anderem als Geschäftsführerin für die deutsche Organisation. Außerdem begleitete sie als CEO ein CRM-Unternehmen bei seinem Börsengang.

Torsten Bittlingmaier

Seit Mitte 2009 leitet Torsten Bittlingmaier den Fachbereich Corporate Talent Management in der Konzernzentrale der Deutschen Telekom AG. Zuvor war er zwei Jahre lang als Vice President Global Human Resources für die weltweite HR-Organisation der Software AG verantwortlich sowie über einen Zeitraum von rund vier Jahren Leiter der Personal- und Organisationsentwicklung der MAN Nutzfahrzeuge AG. In den 90er-Jahren war er für verschiedene Unternehmen im Bereich Human Resources tätig: für die Württembergische und Badische Versicherungs-AG, für die Linde AG Zentralverwaltung in Wiesbaden sowie für die ABB Netzleittechnik GmbH.

Sonja Sulzmaier

Sonja Sulzmaier verfügt über mehr als zehn Jahre Marketingerfahrung im High-Tech-Umfeld. Sie ist Manager Corporate Marketing der ESG Elektroniksystem- und Logistik-GmbH, eines der führenden IT-Systemintegrations- und Engineering-Dienstleistungs-Unternehmen in Deutschland, sowie Marketingleiterin der Beratungstochter ESG Consulting GmbH. Zuvor war sie bei der Boston Consulting Group als Beraterin in internationalen Projekten in der IT-, Energie- und Pharmabranche tätig. Als Dozentin für Strategisches Marketing und Online-Marketing lehrte sie an der Universität Witten/Herdecke und der Universität der Künste, Berlin. Ihre Dissertation über Airport Business Redesign wurde mit dem Promotionspreis der Universität Witten/Herdecke für die beste Promotion des Jahres 1999 ausgezeichnet. Zu den Themen Business Redesign, Strategisches Marketing sowie Online-Marketing hat sie zahlreiche Publikationen verfasst.

Guido Happe

Guido Happe ist seit Mitte 2009 Vorstand der Steinbach Consulting AG. Zuvor war er rund neun Jahre bei der Kienbaum Executive Consultants GmbH als Partner und Manager des Competence Center Advanced Technologies mit nationalen und internationalen Executive-Search-Projekten betraut. Als einer der Partner bei Kienbaum verantwortete er außerdem die Themen Venture Capital und Start-Up-Management. Guido Happe ist Gründer der Beiratsinitiative »Beiratforum« (www.beiratforum.de) sowie in zwei IT- beziehungsweise Technologieunternehmen als Beiratsmitglied aktiv. Er ist Autor und Herausgeber verschiedener Publikationen beim Gabler Verlag.

Neil Morgan

Neil Morgan leitet den Bereich Enterprise Marketing der Adobe Corporation für Europa, den Mittleren Osten und Afrika (EMEA). In seiner Karriere als Executive Marketier für Enterprise Software hat er mehr als 20 Jahre Erfahrung in allen Bereichen des Marketing erworben, von Produktmanagement und Produktmarketing über Channel-Marketing, Public Relations und Analyst Relations bis hin zu Strategic Marketing Management. Zudem verfügt er durch seine Positionen im In- und Ausland (Europa, USA) über weitreichende Erfahrungen im internationalen Geschäft. In den letzten zehn Jahren arbeitete er gemeinsam mit Kunden an verschiedenen kundenseitig eingesetzten Systemen wie CRM oder digitales Marketing. Unmittelbar vor seiner Tätigkeit bei Adobe rief Morgan das europäische Marketingteam bei Omniture ins Leben (jetzt ein Teil von Adobe). Zuvor führte er das Marketingteam von Siebel Systems, wo er für den EMEA-Sektor verantwortlich war. Davor war er Vice President für weltweites Marketing bei Chordiant Software sowie in verschiedenen internationalen Funktionen bei der Oracle Corporation tätig, etwa in San Mateo in der Oracle Zentrale.